环境艺术设计丛书

# 商业空间展示设计

张炜 樊迪 姜静 纪晓静 编著

Environmental
Art
Design

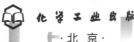

化学工业出版社

·北京·

## 内容简介

本书紧跟前沿设计节奏，理论与实例相结合，在讲述商业空间展示设计概念、设计原则的基础上，将展示空间分为服装类、书刊类、百货类、食品类、电子产品类等，详细分析其设计因素、内容；从橱窗、店面陈列、人体工学、色彩、光环境、材料、道具详细分析商业空间展示设计的要素；通过创意思维、主题、内容与形式、具体表现来讲解商业空间展示设计的创意表达；又通过实际案例，重点讲述商业空间展示设计的方法与程序；并与时俱进地展示了国内外优秀的商业空间展示范例。

本书适用于高等院校环境设计、展示设计、艺术与科技等专业，也可作为环境艺术设计、展示展览行业从业者、研究者的参考用书。

**图书在版编目（CIP）数据**

商业空间展示设计/张炜等编著. —北京：化学工业出版社，2021.1（2023.1重印）

（环境艺术设计丛书）

ISBN 978-7-122-37896-5

Ⅰ.①商… Ⅱ.①张… Ⅲ.①商业建筑-室内装饰设计 Ⅳ.①TU247

中国版本图书馆CIP数据核字（2020）第193089号

责任编辑：张　阳　　　　　　　　　　　装帧设计：尹琳琳
责任校对：宋　玮

出版发行：化学工业出版社（北京市东城区青年湖南街13号　邮政编码100011）
印　　装：北京宝隆世纪印刷有限公司
787mm×1092mm　1/16　印张13¹⁄₂　字数299千字　2023年1月北京第1版第2次印刷

购书咨询：010-64518888　　　　　　　　　　售后服务：010-64518899
网　　址：http://www.cip.com.cn

# 前言

商业空间展示设计是艺术与技术相结合的产物。从某种意义上说，商业展示设计的发展映射出经济的发展程度，甚至能够反映出一定的社会文明程度。在当下日新月异的信息时代，商业空间展示设计理念、设计范畴正经历着划时代的变革。人们对商业空间的需求越来越复合化、人性化、个性化、多元化，商业空间展示设计也随之转型。满足不同顾客的消费需求，营造更舒适便捷、更时尚新潮、更可持续发展的商业空间氛围，成为设计师们追求的目标。另外，设计实施后的商业展示空间，又将为它所服务的主体——商业活动带来一系列客观的社会、经济等效益。

商业空间展示设计过程是一个渐进的多变的过程，是一个理论和实践紧密结合的过程。商业空间的使用性质、经营目的、发展变化等都直接影响着展示设计的发展趋势。如今，在信息化时代的电商等网络店铺的冲击下，商业空间展示设计面临着极大挑战，只有不断创新，努力开阔视野，增加商业空间展示设计的体验感受才能获得消费者的惠顾和喜爱，这将是每一位设计师需要面临的现实问题。本书的编写强调知识的循序渐进和与时俱进，努力跟随前沿设计节奏，以商业活动的全新设计理念为引领，通过梳理商业空间展示设计原则、发展趋势，以商业空间展示的分类和设计要素为重点，剖析商业空间展示设计基本方法和设计程序等实践环节，以实践成果为例向读者介绍商业空间展示设计从构思到实践应用的具体方法程序。

本书第1章、第4章由姜静（烟台南山学院）、张炜（山东建筑大学）、樊迪（枣庄学院）完成，第2章由张炜完成，第3章由樊迪完成，第5章由张炜、樊迪、纪晓静（烟台南山学院）完成，第6章由纪晓静、张炜完成。在本书编写过程中，得到了研究生赵孟麒、韩笑、王明惠、薛梦萍的大力协助，在此表示诚挚的谢意。

由于编写时间仓促，有些内容难免有疏漏之处，敬请教育界和设计界专家同行及广大读者不吝赐教，在此我们深表谢意！

编著者
2020年8月

# Contents

目录

## Chapter 2
第2章
商业空间展示分类

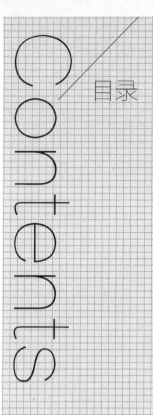

## Chapter 1
第1章
商业空间展示设计
概述

# Chapter 3
## 第3章
## 商业空间展示设计要素

# Chapter 4
## 第4章
## 商业空间展示设计的创意表达

# Chapter 5
## 第5章
## 商业空间展示设计程序

# Chapter 6
## 第6章
## 国内外当代商业空间展示设计优秀案例鉴赏

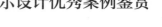

商业空间
展示设计

# Chapter 1

# 第1章 商业空间展示
# 设计概述

商业通常指以货币为媒介进行交换从而实现商品流通的经济活动。商业空间随着商业活动的发展而逐渐形成，是人类活动空间中最复杂最多元的空间类别之一。随着社会的发展，现代意义上的商业空间呈现出多样化、复杂化、科技化和人性化的特征，其概念也有了更多的解释和外延。

良好的商业空间将促进商业经济的蓬勃发展。随着社会经济的日益发展，人们的生活需求层次不断提升，展示设计已成为商业经营的一项策略。商品展示设计能使企业形象与产品的附加值提高，使商业行为更为活跃，目前已成为激烈商业销售竞争中的一把"利器"。其一方面为商品的宣传展示、经营销售提供场所；另一方面为展现商品的底蕴内涵、品牌文化营造场所氛围。商业展示是信息传达和相互交流的重要途径，如今的商业展示已经演变成多元化、具有科技感的多种设计形式的组合，以不断满足、丰富顾客的消费体验（图1-1-1～图1-1-3）。

> 图1-1-1　上海THE SHOUTER潮流家居买手店

> 图1-1-2　巴黎FRÉDÉRIC MALLE香水店

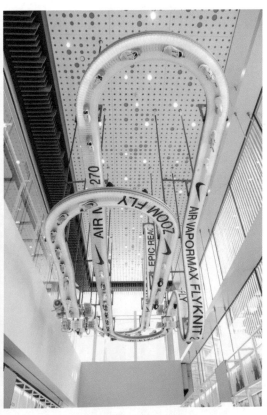

> 图1-1-3　耐克上海店

# 1.1　商业空间展示设计概念

## 1.1.1　商业空间展示设计含义

展示设计主要包括商业展示设计和文化展示设计两大类。其中，商业展示设计主要包含博览会设计、商场设计、商业街设计、专卖店设计和橱窗设计等类别。它是以空间规划和视觉形象塑造为主体，综合多种设计元素，通过多维双向交流，实现产品以及相关资讯的有效传播的视觉传达设计。商业展示设计创意作为综合性的艺术形式，集环境、空间和文化等多种因素为一体，充分利用了光、色、声、图等高技术手段，其影响力和感染力是其他艺术形式无法比拟的。一个优秀的商业展示设计还在无形中体现了一个城市、地区乃至民族和国家的文化面貌，它的风格变化与科学、艺术和社会的进步是密不可分的。

商业空间展示主要具备三个元素：主办方、商品及消费者。主办方利用艺术与科技手段，在展示空间中充分宣传企业文化，展现商品的形象特征，促使观者能够顺利转换为消费者。商品为空间展示的主体，包括展示的实物和展示空间本身，是主办方与消费者进行交流沟通的载体。

商业空间展示设计具有综合艺术设计的特征。商业空间展示具有商业运作功能，能够实现一定的宣传目的。从空间角度看，商业空间展示具备建筑空间的设计风格和雕塑精神，能展示一定的艺术氛围特色。随着科学技术的进步，设计师常将科技手段运用到产品的展示设计中，以望造出具有技术含量的艺术展示形式。杭州IMV智能品牌买手店中的展示设计通过空间和光环境的巧妙处理，为品牌店创造出符合电子产品气质的视觉体验和良好的展示效果。该方案设计出通高的三棱锥发光体，同时隐藏了支撑结构，在展台间借助局部照明营造出特殊的分布形态，使多媒体屏幕和墙面柱体相结合，增强了整体的科技气氛（图1-1-4）。

> 图1-1-4　杭州IMV智能品牌买手店

# 1.1.2　商业空间展示设计精神内涵

### （1）作为"视觉媒介"的商业空间展示设计

通常，人们通过语言、表情、行为来进行相互交流与信息传达。视觉传达是最主要的交

> 图1-1-5　北京SKP-S商业空间

> 图1-1-6　"冰块"-宝姿1961
上海旗舰店外立面

流手段，它通过图形、色彩、材质等"视觉元素"，按照一定原则组织成"视觉语言"实现交流。如北京SKP-S商业空间以"数字—模拟未来"为展示主题，将商场设计成地球人类通向火星的入口，以独特的视觉叙述方式建构出其极富创意，具有未来感、科幻感的沉浸式"科幻世界"购物空间，从"五感"角度颠覆了人们的传统购物场景，呈现出"人类移民至火星生活"的全新体验（图1-1-5）。

"视觉语言"自包豪斯时代已在设计学院及美术界小范围内使用。G.凯佩斯（Gyorgy Kepes）在《视觉语言》一书的序文中指出："视觉语言统一了人类及人类的智慧……视觉语言可以经由其他的传播媒体而有效地传播知识。"随着社会文化的发展，品牌文化、消费文化、视觉文化共同影响着商业空间展示设计，它们通过视觉语言将文化视觉化、艺术化、符号化，将品牌理念、消费思想及商品信息通过设计手段传递给消费者，不断营造出具有传播性、普适性的展示空间氛围。

作为"媒介"的商业空间展示环境通常包括提供商品展示和交易的活动场所，即媒介空间。商业空间展示设计中的媒介空间亦可理解为建筑理论的"中介空间"。设计时不断提升商业空间展示的视觉媒介品质，将有效促进商品的销售与宣传。媒介与商品交易含有交互影响的辩证关系，媒介对商品交易具有促进作用，反过来，商品交易又能促进新媒介的产生（图1-1-6）。

就商业空间展示的外部空间而言，商业建筑实体就是最基本的展示媒介。而商业空间展示的内部设计，多以展示界面、商品展陈方式、展示道具等多种形式为媒介向消费者传达信息。这些媒介控制着其他设计环节的运行，对相关商品销售信息的传播影响深远。

### （2）具有"场所精神"的商业空间展示设计

"场所"指活动的处所、地方。对于商业空间展示而言，场所是由场地和在场地上发生的售卖行为组成的，它为人们提供个人和集体活动的空间以及与周围环境互动的机会。"场所精神"这一概念是在后现代主义思潮影响下发展起来的。《牛津英语词典》中对"场所精神"的解释为："场所精神"是"场所独有的气氛与特征"。场所精神是一种总体气氛，是人的意识和行动在参与过程中获得的一种气氛感受，只有当抽象的物化空间转化为有情感的人化空间时，才能产生有意义的空间感，成为真正的空间。因此，可以说"场所精神是环境特征集中化和概括化的体现，通过定向和认同，任何场所都可产生互动"。场所是会变迁的，但并不代表场所精神一定会改变。

商业空间展示设计中的"场所精神"是指为方便人们购物、消费而营造出的商业化氛围。场所精神的表达需要设计师对地域特征和历史文脉有一定考察与了解，对商品文化、品牌文化具有独特的认识和理解，并通过运用各种设计手法和技术手段将其表现出来（图1-1-7、图1-1-8）。

> 图1-1-7  伦敦街边的服装专卖店展现出典型的英伦风格

> 图1-1-8  具有日本和式文化内涵的食品专卖店

随着社会的发展，消费者不再仅仅满足于"物质占有"，而是希望在此基础上寻求"精神满足"。国内外一些大型现代商业空间展示场所常常举办艺术展览、文化宣传、服装表演等活

> 图1-1-9 深圳华润服饰VIVA VOCE展厅

动，实现商业与文化的不断交融。现代商业展示形式结合物理环境、空间视觉环境、心理环境等的设计，促成消费者在新型商业展示环境中完成物质与情感间的相互交流与融合。如深圳华润服饰VIVA VOCE展厅，结合白色迷雾和多媒体应用，在声、光、色等方面共同刺激感官，制造另类体验。开放式展厅空间放置了36根白色方柱，运用现代科技交流方式，通过不同的影像短片，为参观者生动形象地展示出其品牌形象和企业文化理念（图1-1-9）。

### （3）商业空间展示设计的"交互意识"

消费是一种必要性活动，也是一种自发性活动。当消费环境舒适时，人们的必要性活动时间就会有延长的趋势。当消费行为与休闲行为皆发生时，就实现了商业的社会性活动。当代人在商业空间展示环境中除传统意义上的购物外，更注重情感交流、放松心情、闲适漫步等行为。当人们的交互意识得到充分展现时，消费快感便会随之而来。因此，商业空间展示设计要考虑到参与者的交互感受，需要设计能容纳多种公共活动在内的社会交往空间。在商业空间公共功能的建立过程中，可添加社会文化活动，如传统节日、庙会和聚会等来创造有活力的商业空间展示环境，满足人们不同层面的需求。

哥德堡文学艺术馆内部装饰的设计初衷是打造一个巨型书架，既可以摆放图书，又能够连接座位提供临时性的交流空间。书架错综复杂的构造代替了原本靠字母分类的图书摆放秩序，每一个不同的变化空间和角度都给予放置其中的图书以独有的空间。这种摆放方式会激发阅读者查找图书的乐趣，而每本图书的位置也会在读者脑中留下独有的印象，由此不经意间实现了交互意识的表达（图1-1-10）。

另外，在进行现代城市商业空间展示设计时，若想让使用者在闲逛中意外收获喜悦，设计的关注点应在公众场所的使用者上。在这种理念下，把有助于交往的公共空间纳入商业空间展示设计范畴中，会激发人们积极参与其中，社会交往行为便有了存在的空间基础，商业空间展示的交互性也便有了进一步提升。

> 图 1-1-10　哥德堡文学艺术馆

## 1.1.3　商业空间展示设计相关理论

当今的商业空间展示设计注重对空间的宏观把握，常将设计学、消费学、环境学、心理学、经济学等融为一体，注重消费者的需求、心理、观念等，注意把握各个空间的组成比例、衔接搭配、美观性、实用性等。

### （1）消费者心理效应与商业空间展示设计

消费思维会根据商业空间中展示传递的商品信息作出相应的心理感知与反应。因此，消费者的心理效应是影响商业空间展示设计的因素之一，主要涉及环境心理、行为心理、消费心理等。

#### 1）环境心理

当消费者处于特定的商业空间中，其感官情绪、思维方式和消费行为等都会被空间的展示环境，如空间展示造型、围合方式、光照程度等因素直接或间接影响。

① 趋光效应。消费者具有趋光的心理特征，习惯走向明亮的区域。因此，商业空间展示区和入口处的灯光会比其他区域明亮。商业空间展示设计常用灯光对消费者的交通流线进行引导，也常利用光线对商品进行重点渲染。如杭州潮牌买手店将展示主题定为飞翔的轨迹，曲线展架无定向串联起悬挂其中的服饰。灯光随之运动，在服装上形成动态耀眼光斑，在黑色镜面软膜天花衬托下展品被镜化出水墨画感觉，突出了设计主题（图1-1-11）。

② 捷径效应。消费者在浏览商店时会采取最简便的路线穿过空间，为了能让消费者尽可能浏览商店的每一处空间，可在有捷径的动线上利用展架或展柜进行交通引导，有效避免消费者的捷径轨迹。

③ 聚集效应。研究人员对商业空间人群密度和步行速度关系进行过研究，结果表明，超过1.2人/m$^2$的人群密度会影响消费者的步行速度。消费者会因商业空间展示中具有吸引力的

> 图 1-1-11  杭州潮牌买手店

商品而聚集和滞留，因此，在设计通道时，要提前预测人群的密度和聚集的可能性，合理设计通道宽度，以防出现交通堵塞。

④ 边界效应。环境心理学中的边界效应在大型商场中体现得最为明显，消费者习惯围绕周边浏览，却很少光顾中间展陈区域。因此，可在中间区域展示新产品，或利用特殊装置艺术和个性展具吸引消费者的注意力（图1-1-12）。

> 图 1-1-12  上海 Hauser & Wirth 书店装置艺术

另外，商业空间中的声音、气味等环境因素也会影响消费者的购物体验。如果商业空间能够提供消费者喜欢的香味，则有助于商品的销售，如烘焙坊扑鼻而来的糕点香味，会增强顾客的购买欲。

**2）行为心理**

商业空间中行为心理所涉及的内容十分广泛，从消费者的消费行为心理来看，大致有以下三类：

① 有目的的消费行为。消费者有明确购物目标，在接待此类顾客时可及时上前询问，以便迅速提供消费者所需要的商品信息，提高购买效率。比如，药品类商店接待的顾客大多目的性强，空间内的展示设计应突出功能性分类。纽约 Medly 药房运用不同色调解决了药品的展示分类，营造出秩序有趣的药店空间（图1-1-13）。

> 图1-1-13 纽约Medly药店

② 无目的的消费行为。消费者一般浏览的速度较慢，对于这类消费者要对其空间中的展示设计下功夫，商业展示设计要通过营造极具特色的环境氛围引导顾客消费。例如Suppakids儿童运动鞋零售店，展示区设有菱形组合的木材展示墙，墙面的展示区和储藏区可以通用，儿童鞋可以摆在不同的位置，便于儿童无意识地接近展示墙，近距离选择（图1-1-14）。

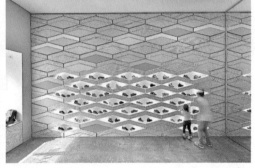

> 图1-1-14 Suppakids儿童运动鞋零售店

③ 介于这两者之间的消费行为。这类消费者有意向选择的商品范围，但极具不确定性，在展示空间设计时应格外注重展示内容的条理性和艺术性。如北京"之物WU"服装品牌店，淡化前台形象，与休息区域组合搭配，形成弧线形功能操作间，成为整个流动空间的中心点。独具个性的设计，吸引顾客前往体验（图1-1-15）。

> 图1-1-15 北京"之物WU"服装品牌店

**3）消费心理**

消费心理学是指消费者在进行消费活动时产生的心理现象和自我行为规律。研究消费心理对进行商业空间展示设计具有重要意义。根据不同目标人群的消费心理进行不同的展示设计，能有效提高经营效益。

① 年龄消费心理。不同年龄的消费者在消费心理与消费行为上有着明显的区别。比如，儿童在购买物品时，对物品的识别度和挑选能力不够，常凭借物品的外观进行判断，会选择熟悉的物品或身边同龄人拥有的物品（图1-1-16）。另外，在针对儿童消费的商业展示设计中，还应注意营造游乐氛围，便于引起儿童关注。西班牙"小故事"概念鞋店，打造出属于儿童的空间，每一个细节都注重激发孩子的想象，充分呈现出玩乐特质（图1-1-17）。

> 图1-1-16　芭比娃娃　　　　　　　> 图1-1-17　西班牙"小故事"
　　　　　上海店　　　　　　　　　　　　　　　概念鞋店

青年人是商家关注的主要目标人群，大多数青年人思想活跃、有个性、富于幻想，在消费时有明显的求新求异心理，常追求外观时尚、造型新颖的物品。由于个人兴趣爱好和个性特征尚处于不稳定阶段，经常会被感情因素所主导，易发生冲动性购买行为。因此，针对青年人的商业空间中的展示设计常在视觉上更具实验性、多元化特点（图1-1-18）。

> 图1-1-18　纽约阿迪达斯零售店

中年人随着生活阅历的增加，心理已经成熟，个性表现较为稳定，具有较强的购买力，但购买时趋于理性，较少受到商品外观因素以及导购等外界的影响，比较注重商品的内在品质与性能。因此，针对中年人的商业展示设计常需合理严谨、定位清晰、诉求明确。

老年人由于生活经验丰富，购买心态更趋于稳定。一般来说，老年人倾向于较为便利的高消费方式，对于价格十分敏感，品牌忠诚度较高，对于新型商品和消费项目存在一定排斥心态。然而，当老年人处于群体消费环境中时，容易受周边人影响，发生从众消费行为。

② 性别消费心理。性别对于消费心理和行为具有一定的影响。男性的消费心理更趋向于理性，他们更注重整体消费质量，具有较强的消费独立性。

女性是消费行为的主力，也是商家重要分析的对象。女性的消费心理更倾向于直接式的个人感受。她们更追求商品形象的美观与时尚，在购物时感情波动更为强烈，他人的意见和看法能在很大程度上影响女性购买行为（图1-1-19）。

> 图1-1-19 随性又有意境的女性服装店

## （2）传播学与商业空间展示设计

传播学具有综合性、实用性、多学科联合等特点，是研究人类一切传播行为和传播过程发生、发展的规律以及传播与人和社会的关系的学问，是研究社会信息系统及其运行规律的科学。简言之，传播学是研究人类如何运用符号进行社会信息交流的学科。商业展示由原始的地摊集市逐步发展为今天的商业空间，其中汇聚着各类信息和情感体验，其传播过程具有联续性。整个系统的各要素之间相互联系、密不可分，传播活动始终处于不断的有机变动之中。如图1-1-20所示，ORIGINAL FRESH北京官舍店，利用1960年代的"广告牌建筑"概念与当下社交媒体"及时发布"之间的文化联想，借助水果剖切壁画体现出建筑图与建筑设计间的再思考，实现了运用空间扁平化手法设计鲜榨果汁的商业空间展示。5米的扁长空间被壁画一分为二，前为销售区，后为制作区。壁画中间的三个大窗口，将两个区域贯通。与窗口同框的画面被平移至制作区后墙，顾客与店员就这样穿梭在壁画不同图层中。空间内的立柱、侧墙、家具等皆设计为白色或镜面，以衬托出壁画这块巨大"广告牌"，将广告牌建筑内化成广告牌空间，通过由社交媒体产生的对图像的积极回应，体现出最本质的建筑精神。

在商业空间展示环境中，完整的传播过程由传播主体、接收信息者、传播的信息和传播媒介四个要素构成。

> 图1-1-20　ORIGINAL FRESH北京官舍店

传播主体：主动传播信息者是传播行为的主体。根据商业空间展示中传播者的复合性特点，可将其分为直接传播者和间接传播者。传播者在商业空间展示过程中充当"主导人"的角色，并为促成信息的有效传播提出相应的传播策略。

接受信息者：一般为接受信息的顾客，即商业活动中的消费者。根据自身的需求接受信息、选择信息，是积极主动的参与者。

传播的信息：商业空间展示包括对店面空间功能以及商品意义等的传播与传达。传播者选择传播的信息，一方面要考虑信息接受者的知识体系，当信息易被理解接受时，才能得到较好的传播效益；另一方面，必须注重信息的反馈，及时调查和修整传播行为，使传播过程有效、信息往来及时。同时，信息传播是否成功，还依赖于设计者和接受信息者之间是否能够达成共鸣。

传播媒介：商业空间及其构成的诸多因素是传播过程中最直接的媒介。设计者应结合消费者的心理，在设计中充分体现商业空间作为媒介所起到的重要作用。同时，媒介的变革也对商业空间展示设计产生极大影响，将为设计带来新的理念（图1-1-21）。

创新的展示形象和个性鲜明的商品信息是吸引顾客进入商业空间展示环境的重要因素，然而消费者却常常陷于选择中。由于时尚性与可理解性的反比关系，当新颖时尚超出人们的一定接受限度时，理解就会产生障碍。因此，商业空间展示设计中，信息的有效传播必须建立在对信息接受者、传播主体、传播的信息深刻把握的基础之上。

> 图1-1-21　SKYNET售楼中心利用集声光电一体的建筑模型为传播媒介

# 1.2 商业空间展示设计原则

随着人类社会的不断进步和市场经济的迅速发展，现代商业空间的综合功能和规模不断扩大，人们对其提出了更高的要求。从"物"的消费空间向"精神"体验空间转化，成为现代商业空间展示设计的趋势，人们甚至把商业购物空间视为生活的"舞台"。在一些大型商业空间中，观景电梯、园林绿化、装饰照明等组成了观赏、娱乐、休息、购物的序列，复杂多变的商业柜组被编织成有机联系的整体，促使人们在购物过程中的行为与艺术共存，从而进一步丰富了现代生活的内涵。

现代商业空间强调商业休闲功能，为消费者提供休闲、娱乐、餐饮等社交场所，使购物变得轻松愉悦。商业空间展示设计依据购物环境、顾客需求的变化而不断改变，可持续性设计、人性化设计、地域性设计、符号化设计、综合性设计是现代商业空间氛围营造过程中应遵循的主要设计原则。

## 1.2.1 可持续设计原则

可持续的核心是"3R"原则，即在设计中遵循少量化原则（Reduce）、再利用设计原则（Reuse）、资源再生设计原则（Recycling）。可持续设计是整个设计策略的调整，并不仅仅是视觉上设计风格的改变。在可持续使用材料方面，约翰·拉斯金提出"从大自然中吸取营养、使用传统材料、忠实于材料本身的性能特点"的设计方法。在设计界，更加强调设计师要确立环保节能意识，力求运用无污染的绿色材料，人为地塑造自然的室内生态环境，动态地、可持续性地将人工环境与自然环境相协调，发展可持续的空间环境设计。具体到商业空间展示环境的可持续设计，需注意以下三方面。

### （1）注重绿色建材的选用

国际卫生组织对建筑装饰材料的生产、应用提出了"环保、健康、安全"的要求。人们已经把建材是否环保、是否有国家质检部门出具的各项指标证明、是否属于国家认定的绿色建材等问题放在首位，也更重视无污染的"绿色装饰材料"的使用。在商业空间展示设计中，提倡广泛选用对环境无污染、对人体健康无害的绿色建材（图1-2-1）。

> 图1-2-1　采用超过20种无污染的、有自然色泽的
原始木材装饰的多伦多瑜伽服饰店面设计

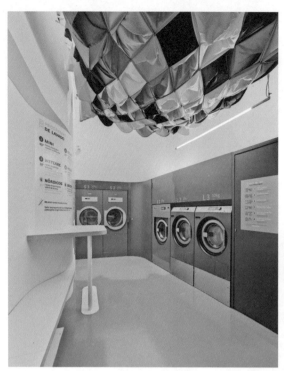

### （2）注重能源的循环利用

　　商业空间展示注重生态系统的保护，提倡对旧材料进行循环使用。商业空间展示设计在追求社会文明、经济发展的同时，不仅为人们的社会生活增加艺术情趣，而且直接影响人们的生活行为甚至生活习惯，成为引领"低碳"生活的重要角色（图1-2-2）。

> 图1-2-2　用废旧T恤连接构成的洗衣店装饰艺术

### （3）注重自然景观的再创造

　　自然的造型景观能使商业空间展示环境更和谐，因此，回归自然的展示设计成为现代设计的追求。在商业空间展示中尽量减少过多的人为加工，将水池、山石、花草等自然景物直接引入展示空间室内外进行景观再创造，能够增加商业空间幽雅的自然气息，令人精神愉悦（图1-2-3）。

> 图1-2-3　植物景观在商业空间中的应用

## 1.2.2 人性化设计原则

随着20世纪60年代后价值观从"物为本源"向"人为本源"的转变，人们逐渐注重起自身所处环境的提升。由于价值观的转变，"人性化设计"逐渐成为设计界引人注目的亮点。商业空间中人性化设计可理解为既要满足人们购物过程中的使用需求，又要满足人们的心理、精神需求，从人们的现实需要出发，处处为人们提供方便，体现人性关怀（图1-2-4）。

> 图1-2-4　满足人性化需求的旅行者书店设计

人性化空间是"人"和"空间"的有机统一，是空间"人化"的表现，是设计本质的反映。它所强调的不仅仅是空间的功能、形式，更重要的是关注空间的主体"人"。具有人性化的商业空间展示设计往往会让人感到愉悦和舒适，从而使其不自觉地发生消费行为。人性化设计在商业空间设计中应注意以下几点：

### （1）满足空间使用功能的需要

商业空间展示设计中不仅要对空间表现形式进行美化，更多的是努力提供良好的空间功

> 图1-2-5　日本原宿表参道的
　　　　CORAZYs家居用品店

能，方便人们使用。日本建筑设计师丹下健三曾说："设计一座建筑，会听到许多要求，它构成了某种随心所欲的功能。为此，设计师应该把握住建筑的真正功能，从众多的要求中抽出那些最基本的，并在将来继续起作用的功能。"在空间的功能设计过程中，应注重功能的实用性，把各方面的功能要求考虑在内。切实遵循人体活动尺寸标准，以人体工程学为指导，合理组织安排，设计展现出不断改善空间使用功能、舒适方便的商业空间环境。

## （2）注意理想物理环境的设计

建筑物理环境是进行商业空间展示设计需要考虑的重要因素。温度、通风、采光不仅影响人的身体健康，还能影响人的工作效率。空气流通、光线明亮的空间环境会使消费者心情愉悦，有助于消费者选购商品，促进商业发展。

## （3）注重人的心理情感需要

商业空间展示设计中常依据人们对不同材质、颜色、形状、光线等因素的心理感受，以及不同年龄、性别、文化程度、地域、民族、信仰的人对空间环境的心理反应和要求进行设计规划。美国建筑师约翰·波特曼曾说过："如果我能把感官上的因素融汇到设计中去，我将具备那种左右人们如何对环境产生反应的天赋感应力，这样，我就能创造出一种为人们所直接感觉到的和谐环境。"由此可见，研究人的心理情感对商业空间展示设计的影响十分重要，设计师应学会迎合人们的情感需求创造商业展示环境。具体可从以下两方面着手：

① 研究不同的知觉类型，研究包括

视觉、听觉、触觉等相关的知觉类型对商业空间展示设计的影响；关注公众的感受差异，找寻公众性规律；研究不同人群对环境中的色彩、形态、照明、温度、湿度、声学等的知觉感受，并努力在商业空间环境氛围营造中充分体现出来。如日本原宿表参道的CORAZYs家居用品店，利用人们对色彩及书架的不同知觉感受，将大约600种文具、服装以及客厅、厨房、卫生间等的用品，分别摆设在象征着太阳的橙色、爱心的粉色、大自然的绿色以及大海的蓝色等柜台中，将人们对商品的知觉与体验感有序结合，时尚且极富吸引力（图1-2-5）。

② 对弱势人群予以关怀。现代商业空间展示设计尤其注重特殊人群的生理及心理需求，处处体现人性化关怀。在大型商场中常会设置儿童托管处、游戏角，残疾人专用停车位、行走坡道、厕所，婴幼儿哺乳室和儿童卫生间等（图1-2-6）。

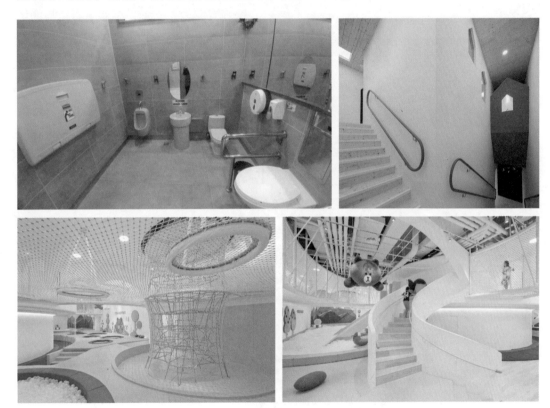

> 图1-2-6　商业空间内充满人性化关怀的设施

## 1.2.3　地域性设计原则

地域性设计指根据地域的不同特点，在基本要素不变的情况下，加入一些地域文化特征，以迎合当地文化。地域性在某种程度上比民族性更具专属性，同时，地域性更具有极强的可识别性。

在商业空间展示设计中，充分考虑当地人居环境、文化风俗，在满足功能需求的同时，彰显地域文化，为商业空间注入新鲜"血液"，有助于增强消费者的认同感，使消费者在进

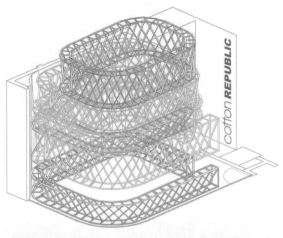

> 图1-2-7　Cotton Republic北京旗舰店运用中国传统建筑木格栅等地域性符号

行购物娱乐的同时，了解更多的历史文脉，产生文化认同感。内衣品牌Cotton Republic北京旗舰店，空间展示结构形式如同由五层编织在一起的、色彩鲜艳的铁棒组成的巨大购物篮。其灵感来自中国传统建筑中的木格栅，混合了明亮的黄、红、橙、粉等颜色，既像女士网袜，又像过山车轨道，或是迷幻的埃菲尔铁塔。这个巨大的装置和摆放在上面的元素具有很强的地域特征，给顾客带来独特的感受（图1-2-7）。

肯尼斯·弗兰普顿（Kenneth Frampton）在20世纪80年代曾提出"批判的地方主义"，反对全球主义的支配地位，试图通过吸收和重释地域环境思想，并从本地固有的文化起源入手，获取本地独特的艺术潜力，最终达到一种根植于地形条件、地域的而又现代的环境。然而，这种想法遇见国际品牌商业拓展时，却常常处于尴尬境地。对于品牌形象、地域文化和全球化这三者，如何在商业展示设计时找到平衡，应主要考虑以下几点：

### （1）尊重地域自然气候差异

商业空间展示设计应尊重当地的地理环境。以气候为例，独特的自然气候使地域建筑呈现出不同的造型特点，为商业空间形式带来许多变化，如北方干燥寒冷，多室内商业空间；而南方潮湿多雨，多骑楼、过街楼等商业空间组合。

### （2）建立"可识别性"的地域形象

充分考虑当地历史资源在商业空间展示设计中的影响力，将这些资源直接或间接地表现在商业空间展示设计中，凸显"可识别性"地域特征。这类形象常常较为独特、醒目，具有一定的文化效应与影响力（图1-2-8）。

> 图1-2-8 "一扇门的风景"店铺设计运用了中国传统民居窑洞的设计元素

### （3）地域性材料的现代表现

随着科学技术的发展和新材料的涌现，设计师常结合现代技术，运用地方传统材料，使传统空间的地域性表现手法焕然一新，并充分考虑本地的特色和人居环境，在满足功能需求的同时，增强消费者的归属感。

## 1.2.4　符号化设计原则

所谓"符号"，即"携带意义的感知"，由媒介、指涉对象、解释三者构成，是具体对象与其解释的一种媒介，即"意义"和"含义"的一种表象。所有能够以具体的形象表达思想、概念和意义的物质实在都是符号。

在商业空间的展示设计中，符号作为传达空间信息的载体和媒介，应具备可读性、易识别性和可判断性。符号化设计既是可以触摸和感知真实物质的存在，又是精神思想的表达载体。设计师作为空间符号展示设计的创造者和发布者，在进行符号表达的创意构思中，要符合消费者的心理认知和符号认知，发挥符号信息传播的功能。

符号化设计最主要的是收集、制造体验并进行传播，通过商业空间中展示设计的媒介传达给消费者。在现代商业展示空间设计中，如果很多价值（如客户体验、品牌文化、服务等）的创意表达已超越了设计师的一般服务范围，那么，非物质的符号价值可能比物质空间更重要。商业空间展示发展的趋势已经清晰地表明这部分"非物质"的内容应该成为商业空间展示设计考量的重要因素，因为符号化设计在反映设计价值和社会存在的趋势方面的作用要明显得多。商业空间展示中的符号化设计可以表现在装饰设计、材料应用、品牌形象、商品服务等方面，也可以是这几方面的综合。如图1-2-9所示，悦诗风吟是一个倡导自然主义的韩国化妆品牌，旗舰店设计采用环保理念，将高科技和自然完美结合，参考温室形态将旗舰店设计成为"自然花园"，在凸起的垂直表面加入由再生纸制作而成的花瓣符号构成温室顶棚，将日光撒入室内。花元素从室内延伸至室外，在建筑外立面添加了与室内相呼应的折叠铝制"花瓣"，立体折叠的面板由亚光表面铝制材料制成，自上而下递减的"花瓣"图案中内设LED发光装置，为旗舰店店面创造出极具动感的光效。整个设计利用花瓣的符号化特征，将悦诗风吟品牌的"环保、自然"理念传播给公众，彰显出自然、健康、朴素、时尚的产品特征。

> 图1-2-9 韩国悦诗风吟旗舰店

## 1.2.5 综合性设计原则

随着人们生活水平的提高及城市市场的发展，公共交流活动日益增多，商业空间中的消费行为变成了综合性的休闲体验。现代商业空间更多关注综合表达，如文化底蕴的营造、公共性空间的体现、绿色设计、消费时尚性等。综合性设计逐渐成为现代商业空间展示设计的重要原则。

在进行商业空间设计时，综合性设计要求综合考虑各方面设计因素和要求，不仅实现人们的消费需求，更注重营造其整体氛围，通过展示艺术造型设施、开展互动性体验活动等使空间产生多层次多样化的消费体验。如Conran家居首尔店，基于自身的品牌体验创造了一种具有高冲击力的、以生活方式为主导的零售环境，充分运用展厅空间氛围感和戏剧性，与传统的商店形成对比，以引人瞩目的方式将产品展示出来（图1-2-10）。

商业空间展示的综合性设计原则提倡多元共生的民主精神，主张营造自然、宽容的氛围，因此，综合设计的商业展示空间常常综合艺术、历史、自然、时尚等元素，增加商业环境的

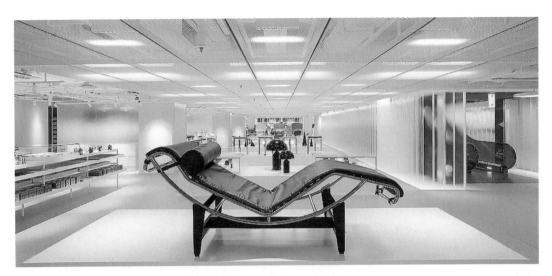

> 图1-2-10　Conran家居首尔店

文化性。凯文·林奇认为，在设计城市公共开放空间时应考虑以下功能：提供更多个人选择的范围，让公众的社会生活有更多体验的机会；给予使用者以更多环境的掌握力；提供更多的机会，刺激人们的感官体验，扩展人们对新事物的接纳。如加拿大百老汇步行街安置12个声光装置的超大跷跷板，带来了别开生面的互动体验（图1-2-11）。

> 图1-2-11　加拿大百老汇步行街

　　随着交往休闲空间的逐渐兴起，大多数商场已经从传统单一的商品售卖空间转型成为集餐饮消费、休闲娱乐于一体的综合化和多样化的生活场所。现代商业展示空间趋向于通过人性化、多元化设计来满足人们消费、休闲、娱乐等多重需求，不断丰富商业展示空间的社会内涵。

## 本章小结

　　本章重点讲述了商业空间展示设计的概念及设计原则等内容，具体介绍了商业空间展示从"物"的消费空间向"精神"体验空间转化的设计内涵以及可持续性、地域性、符号化、人性化等设计原则的相关理论知识。商业空间展示设计是传达商品营销理念和企业品牌文化的媒介，设计的精髓在于人与人的交流、人与物的交流以及物与空间的融合。

## 实训与思考

1.谈谈你对商业空间展示设计的理解。

2.对商业类展示空间进行调研，运用所学理论知识，总结消费行为及心理对商业空间展示设计的影响。

# Chapter 2

# 第2章　商业空间展示分类

商业空间是实现物品交换的空间，是满足消费者需求的场所，是商品流通的最终环节。目前商业空间的营销模式主要分为三种：一是传统的售卖模式，以实体店铺为主，注重顾客的现场购物体验，从店面装饰、商品陈列、空间氛围等方面吸引消费者；二是网络销售模式，以微店、网店、直播店等商业运营店铺为主，商品价廉物美，通过图片、文字、视频等描述便促成线上交易，最终由线下物流运送完成销售过程；三是实体店铺与网络销售结合，受消费者购买方式、市场营销方式等的影响，大量实体店铺顺应时代潮流，在满足顾客现场购物体验的同时，积极开设网络销售通道，线下与线上销售相结合。

本章节讨论研究的内容主要针对商业空间线下实体店铺展开，从经营模式划分，主要包括百货店、超级市场、便利店、专业市场（主题商城）、专卖店等。从目标客户、商品结构等方面考虑，不同商业空间有着不同的展示设计需求，研究和分析不同业态发展趋势和商品经营模式，对商业空间展示设计具有一定的指导意义。

# 2.1　服饰类商业空间展示设计

服饰类商业的经营范围主要包括服装、鞋、帽、袜子、手套、围巾、领带、配饰、包、伞等。服饰类商业空间的设计主要针对其服务类型展开，既要满足单一商品的销售，又要迎合市场经济多元化发展需求。如Louis Vuitton、Prada、Christian Dior、无印良品等品牌专卖店，既有经营单类商品的小规模店铺，又有大型综合类店面，其所表达的品牌形象与所服务的消费人群，尽管有微妙的地区性差异，但整体品牌效应始终会保持一致（图2-1-1）。

（a）纽约快闪店　　　　　　　　　　　　　　（b）东京快闪店

> 图2-1-1　LV Pop-up Shop（快闪店）

## 2.1.1　设计因素

成功的服饰展示空间设计通常能够准确把握服饰品牌的定位，清晰明确地向消费者传达其品牌的设计风格、设计理念，更好地通过展示效果吸引顾客，宣传品牌文化。不同类型的服饰商业空间对店面展陈布局、设计风格等有着不同的要求，相应地，不同类型的服饰商业空间具有不同的设计因素。

## （1）设计定位

### 1）按消费人群分类

① 女装类商业空间。女装款式千变万化，消费者常以18 ~ 55岁的女性为主，市场上以经典的知性和成熟风格为主流类型（图2-1-2），另外还有时尚另类等非主流类型（图2-1-3）。设计师依据女装服饰特点，设计出符合品牌定位风格的女装店铺。从服饰店的整体设计角度来讲，主流风格强调含蓄内敛、优雅稳重，店内装饰整体统一、细节考究；而非主流类型风格则强调诙谐夸张、时尚另类，店内装饰常个性鲜明。女性的色彩感知会高于男性，对于服饰的设计、造型、材料等会更加敏感，因此在女性服装店铺设计时要注意迎合时尚潮流。

> 图2-1-2　纪梵希品牌店　　　　　　　　　　> 图2-1-3　伦敦某女装店

② 男装类商业空间。男装店常给人中规中矩的稳重感，常分为两种类型，一种以经营西服、礼服等为主的商务型服饰店（图2-1-4）；另一种以夹克衫、牛仔等便服为主的休闲类服饰店（图2-1-5）。男士服装店除体现服饰的高雅尊贵、沉稳大气或休闲简约风格外，还注重

> 图2-1-4　上海PORTS服装店　　　　　　　　> 图2-1-5　罗马ZARA旗舰店

突出个性化、艺术性特点，强调服饰的品质感，体现品牌文化。

③ 童装类商业空间。童装泛指婴儿装、儿童装、少年装，按年龄分类的话16岁以下皆包括在内。童装店根据年龄的区别设置不同的专营店，也有综合类店铺。比如一些婴幼儿服饰店除销售婴幼儿服装外，还经营婴幼儿日常用品、孕产妇相关用品等（图2-1-6）。目前童装类店铺出现多元化趋势，设计理念相较于其他类服饰更加鲜明直观。童装店面设计多突出设计主题，充满童趣（图2-1-7）。

> 图2-1-6　湖南长沙Mamas & Papas母婴店设计　　　> 图2-1-7　香港apple & pie童鞋专卖店

④ 运动休闲类服饰商业空间。运动休闲类服饰主要分为两种，一类是运动类品牌服饰店，主要经营运动鞋帽、衣裤等功能性服饰及球类、自行车等运动器械相关用品（图2-1-8、图2-1-9）；另一类是休闲类服饰店，运动感与时尚感兼顾，强调舒适自然、青春激情、无拘束的设计理念，如匡威、范斯等品牌店。

> 图2-1-8　某运动服饰旗舰店　　　　　　　　　　> 图2-1-9　Nike Chicago专卖店

⑤ 其他特殊类服饰商业空间。主要包括中老年、孕产妇、异型身材等特殊人群服饰专卖店。中老年人群对服饰要求经济实惠，因此，店铺设计需亲民。此类店铺还会经营保健、康复等相关用品及器材。

**2）按经营模式分类**

① 服饰专卖店。店内售卖的服饰为某一品牌，或特定类型。这类店铺多以连锁专营店的

形式出现，售卖空间或大或小，注重某特定品牌的自身形象和设计理念。品牌的自身价值也是销售的一部分，且品牌常常不断扩大在国内外知名度，培养其忠实顾客（图2-1-10）。

> 图2-1-10　香港UGG旗舰店

②服饰超市。服饰超市相较于其他类型的服饰店，在选购服饰时导购参与较少，属于自我服务型商店。服饰类型多以休闲、便捷型为主。店面设计亲民，深受大众喜欢，如优衣库、HM、ZARA等品牌（图2-1-11）。

> 图2-1-11　优衣库卖场

## （2）功能划分

### 1）导入区域

服饰类商业空间展示设计的导入区一般指店铺的对外展示空间。由于店铺的对外展示空间有限，导入区域常位于店铺最前端，主要包括店面、出入口以及橱窗设计，是店铺向顾客呈现设计风格的区域。

店面可以说是服饰品牌的"脸面"，一般设置在店铺最醒目的地方，由品牌的Logo图案及店铺名称构成，设计要简洁明了、辨识度高，具有较强的视觉冲击力。根据服装店对消费者定位的不同，店面、招牌等设计风格也会有所不同（图2-1-12、图2-1-13）。

> 图2-1-12　LV店面设计　　　　　　　　　　> 图2-1-13　SWAROVSKI店面设计

　　服饰类商业空间展示尤其注重橱窗设计，沿街的橱窗更是店铺的"眼睛"，它能最快地调动消费者的感官神经，第一时间向顾客传达信息，吸引顾客进店消费（图2-1-14）。

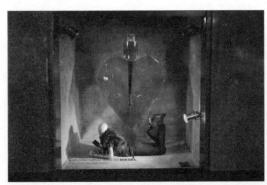

> 图2-1-14　DIESEL Galerie Lafayette橱窗设计

　　服饰店出入口要严格按照消防安全制度设置，保持疏散通道、安全出入口畅通，严禁占用。出入口面积可根据店铺的占地面积、客流量与服饰定位来确定大小。中低档的服装店采用敞开度大的入口设计，中高档的服装店入口敞开度可以较小。出入口的设计需结合橱窗来进行，主要有三种形式（表2-1-1）。

表2-1-1　门与橱窗关系形式

|  | 特点 | 优点 | 缺点 |
|---|---|---|---|
| 直线型 | 门与橱窗在同一水平线上，与卖场外道路相连 | 经济效率高，占用内部销售空间少 | 造型过于单调，缺乏吸引力 |
| 内凹型 | 门与橱窗不在一个水平线上，形成内凹的缺口 | 吸引消费者，为顾客提供广阔视角，一览店内情况 | 占用店内较多空间 |
| 走廊型 | 门与橱窗在同一水平线上，与店铺外道路不相连 | 对消费者的吸引力强，为顾客提供观察的独立空间 | 设计难度较大、投资较高，使内部销售空间减少 |

**2）售卖区域**

售卖区域主要分为陈列区、中岛区。陈列区是售卖服饰品最直接的区域，常根据服饰的不同类型、款式等采用不同的展示形式。中岛区常采用展台展示，多摆放新品、精品，全方位展示服饰特点，吸引消费者。

**3）服务区域**

服务区域是为顾客在商业消费过程中提供服务保障、辅助完成售卖过程的区域，可分为试衣间、收银台、仓库等。店铺面积较大的服饰店还会设有专门的导购区域，设置服务台，为消费者提供导引、咨询等服务。

试衣环节是销售过程中消费者决定购买前的重要环节，往往起到决定性作用。试衣间的位置通常在卖场的较深处，不但能满足顾客试衣时的安全感，而且能引导顾客穿过多个陈列区，增加销售机会。试衣间的数量由店铺面积及商圈客流量决定。试衣间的尺寸要以顾客在空间内可自由伸展四肢为标准，长度、宽度以不少于100cm为宜。

收银台是顾客购物终端环节，通常也是店长与店员在店内的主要工作交流区域，不仅是结账区，而且兼有店铺品牌形象展示功能。收银台的位置一般设置在店铺大门的正对面附近，这个区域对着店门，方便店员观察消费者的活动情况，有利于调度与控制整个卖场。

## 2.1.2　设计内容

### （1）平面布局

店铺空间整体规划是服饰类商业空间设计的基础。商业区店铺复杂多样，店面设计最重要的一点就是要注重在众多商店中脱颖而出，增加顾客进店率。其中，店铺室外门面及橱窗设计、店内空间布局方式等是决定性因素。

**1）店内售卖区域划分**

如图2-1-15所示，服饰类商业空间展示设计首先需要划分出售卖区，设定焦点陈列区、重点陈列区、常规陈列区、辅助陈列区等。各区域相互衬托、呼应，以增加店铺空间层次感。

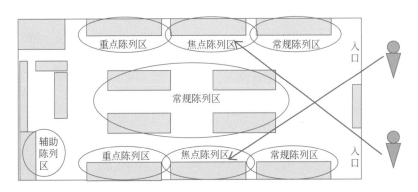

> 图2-1-15　店内售卖区域划分

① 焦点陈列区。焦点在店铺中最先吸引消费者，一般位于对着入口的店铺内部正上方区域。消费者进入店内无意识的展望高度为0.7 ～ 1.7m，约在视觉轴30°的商品最易吸引消费者。同时，距离的远近也会影响人的视觉范围（表2-1-2）。

表2-1-2　距离远近与视觉范围的关系

| 距离远近 | 1m 距离内 | 2m 距离内 | 5m 距离内 | 8m 距离内 |
| --- | --- | --- | --- | --- |
| 视觉范围 | 1.64m | 3.3m | 8.2m | 16.4m |

服饰的陈列高度要根据商品大小、顾客视线、视角等综合考虑。陈列高度以1 ～ 1.7m为最佳，与消费者的距离在2 ～ 5m之间，视觉范围在3.3 ～ 8.2m间为宜。服饰遵循这个尺度摆放，便于消费者观察、拿取。

② 重点陈列区。常放置卖场中较畅销、主推的商品。

③ 常规陈列区。属于店铺中间地带，可以摆放一些促销、特价商品，采用组合的形式摆放，将常规服饰与畅销新款搭配起来，给消费者提供多样化选择机会。

④ 辅助陈列区。消费者不易看到、日常被忽视的区域，一般安排在店铺最角落处。常陈列一些常规日用品、不受季节和时尚潮流影响的服饰。

**2）交通流线**

服饰类商业空间交通流线一般可分为三种，即顾客流线、店员流线、后勤流线。其中，顾客流线是首先应考虑的。顾客行走路线常结合店内陈设布局进行引导，一般需考虑顾客停留时间、浏览视线等因素。服饰陈列区通道应宽敞、整齐、干净，按照服饰的种类、展示周期、消费者的购买时限规划消费者的活动方向，尽可能地增加停留时长。同时，要考虑顾客购物动态流线与员工导购流线两者的空间规划是否合理，在实际行走时是否会有冲突，员工是否能有效地服务于消费者等。

顾客流线可分为直线流线（图2-1-16）和环线流线（图2-1-17）两种。直线流线又称为穿越式流动，出入口在店铺两侧。环形流线是指在一个空间里面，出入口在同一侧。临街的店铺通常采用环形流线的布局方式。

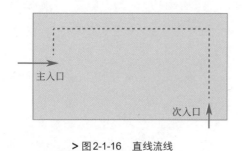

> 图2-1-16　直线流线　　　　　　　　> 图2-1-17　环线流线

## （2）展示方式

### 1）叠装展示

叠装展示是将服饰摆放于货架或展示桌上，适用于叠放文化衫、衬衫、牛仔裤、毛衫等比较常规的款式，只需展示重要的部分。叠装便于消费者拿取，适用于数量较多、价格亲民的服装品牌，多见于休闲类服装中（图2-1-18）。具体方式如下：

① 将同一款式、色系，同一季节的服饰摆放于同一区域，摆放顺序按照尺码从小到大。

② 上衣款式折叠的长宽比例为1∶1.3，下衣折叠后应尽量展示口袋、腰部、胯部等部位。尽量将图案标志展示出来，可以借助工具如折衣板折叠。

③ 每叠服饰间距应控制在一拳大小，约10～13cm，叠放服饰展示高度应控制在60～180cm。

④ 折叠衣服的色彩，从暖色到冷色，从浅色到深色。一般冷色在下，暖色在上。

**2）挂放陈列**

吊挂陈设是较为常见的一种方式，即将服饰吊挂悬空，利用正面悬挂或者侧面悬挂，以避免服饰积压造成褶皱（图2-1-19）。

正挂可以看到服饰的完整面貌，效果突出，适用于做新款服饰的展示。侧挂是将服饰侧向挂在货架货杆的展陈方式，是比较常见的陈列方式。其优点是占地面积小，方便顾客拿取，但不能为顾客呈现服饰全貌，且不适合展示领口处有特殊设计的服饰。

**3）人体模特**

人体模特常具有形色各异的面部表情和灵活的肢体关节，可根据服饰的诉求确定模特动作。模特主要用于服饰的整体展示，能将服饰的色彩搭配等细节充分体现（图2-1-20、图2-1-21）。在进行人体模特展示时需注意以下几点：

① 模特身上的服饰须为当季新品，注意与其他配饰的关联性。

② 人体模特占地面积较大，可将模特组合，置放于商店最显眼的位置。模特风格应统一协调。

③ 模特动作要尽可能接近人体穿着服饰时最

> 图2-1-18　INHABITANT品牌东京旗舰店

> 图2-1-19　斯德哥尔摩解构主义服装概念店

> 图2-1-20　伦敦LV专卖店个性化模特展示

> 图2-1-21　耐克专卖店不同模特展示

真实的状态。

④ 服饰尺码、风格应符合模特特点，避免过大过小、搭配混乱。

### （3）氛围营造

#### 1）照明设备

服饰类商业空间展示的整体照明应注意颜色和照度的关系把握。不同颜色带来的心理感受不同，冷色清爽、干净，暖色温馨、舒适。合适的灯光能使整个卖场形成明亮愉快的氛围，有利于促进消费。一般服饰类商业展示空间不同区域之间的照度要求存在差异，具体如图2-1-22所示。

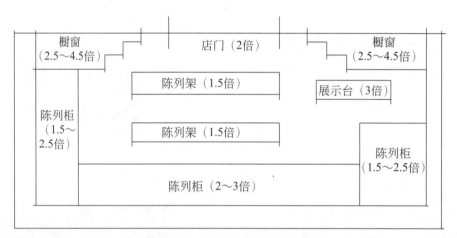

> 图2-1-22　服饰店不同区域之间照度要求

服饰类商业空间展示灯具常选择高显色的钠灯、卤素灯或直管荧光等，尽可能完美地呈现服饰的颜色、材质、款式及表面纹理。选用显光显色良好的灯具至关重要，各个区域的照明设备要求不同，通常分为橱窗照明、入口照明、陈列区域照明、试衣区照明等。

① 橱窗陈列需要根据季节、新品潮流等时常更换展示内容。因此，常用可调节方向和距离的轨道射灯，为防止行人产生眩晕感，最好将其隐藏。一般橱窗重点照明照度为3000 ～ 2000lx，比店内灯光明亮2 ～ 4倍。

② 当消费者进入店内的时候，入口的灯光设计显得格外重要。入口灯光应尽量明亮，避免过于昏暗使消费者产生消极情绪。

③ 陈列区域的照明灯具应具有良好的显色性。中高档服饰店常采用射灯或镶入式、悬挂式直管荧光灯进行局部照明。对于一些层次感较强、细节较多的服饰来说，照明应注意减少投影、弱化阴影，可采用漫射照明或交叉性照明来消除阴影干扰。店内重点陈列区照度在1000 ～ 750lx最佳。

④ 试衣区是消费者感受真实穿着效果的区域，也是购买的决定性时段，应重点关注镜前灯布设效果。灯光设计应做到显色性强，垂直照度充足，减弱阴影，增加立体感。要知道，优美舒适的着衣感受，能够促进购买力。

### 2）色彩设计

成功的服饰类商业空间展示设计必定有一套出彩的色彩方案。在购物时，视线由远及近，最先看到的是色彩，其次才是服饰的款式设计（图2-1-23）。设计中除遵循服饰品牌限定的色彩表达外，常使用的色彩设计原则如下。

① 迎合服饰季节：店面颜色要适合服饰销售的季节。夏季可用蓝色调，带来清爽舒适的感觉，冬季可用红黄暖色调烘托温暖氛围。

② 色调协调：从橱窗到店面整体再到陈列服饰，尽量做到色彩协调统一，避免色调相差过大。

③ 适合消费人群：根据服饰店消费者的不同定位，设计出适合消费者审美需求的色调风格。

> 图2-1-23  福州FORUS婚纱专卖店

# 2.2  书刊类商业空间展示设计

目前书刊类商业空间已逐渐成为区域品牌文化的体现，除书刊销售以外，其他相关的文化商品销售也越来越受消费者青睐，体现出随机性购买的趋势。在书刊类商业展示空间，复合型商业文化业态不断满足人们新书发售、读书讲座、创意衍生品选购、休闲会友等的体验式消费需求，推动着商品和信息知识之间的流通、传播，使书刊类商业空间展示呈多元化发展趋势。

## 2.2.1 设计因素

基于顾客的消费需求，书刊类商业空间设计常对书刊展示主题、消费人群定位进行详细划分，根据主题定位而确定业态组合和配比，通过空间的组合形式、交通流线设计等营造出令消费者满意的空间氛围。

### （1）设计定位

#### 1）按消费人群分类

① 特殊消费群体。书刊类商业空间展示在确定规模和主题后，依据对消费者的需求强化设计特色。北京雨枫书店将消费人员定位于不同年龄层面的女性，并实行一定的会员制度。如图2-2-1所示，店内书籍划分为：女性撰写的书籍、女性需要阅读的书籍、写给女性的书籍等。另外，配置美发沙龙、香熏保养等针对女性消费群体的商业活动，以吸引顾客，增加顾客在店内的逗留时间。

> 图2-2-1　北京雨枫书店

② 儿童消费群体。当前针对儿童消费的书店主要分为儿童书店，综合书店的儿童区、绘本区等。在空间配置上，目前儿童书店朝着"书+X"复合型空间方向发展。儿童书店设计的核心在于对书籍的阅读体验、交流互动的凸显，注重体验式服务设计，呈现出儿童书店多元化发展的功能配置（图2-2-2）。其空间常分为儿童自身需求的空间、儿童与成人共同需求的空间、成人需求的空间。

> 图2-2-2　钟书阁儿童馆

- 儿童自身的需求空间可划分为三类：一是阅读空间，属于儿童书店的基本构成空间；二是交流空间，根据儿童聚集性活动的特点，为儿童进行互动交流而设计的空间；三是休闲空间，是新型书店的主打空间，常常设置趣味性设施，以此来激发儿童阅读兴趣，增加其想象力。

- 儿童与成人共同需求的空间，主要根据儿童消费特点在店内设有特定的陪伴空间。大多数的儿童类书店具有亲子类阅读空间，即为满足家长陪伴孩子阅读而设计的特定陪伴区域。

- 成人需求的空间，属于家长为儿童选购读物的区域或精心打造出的家长等候区，以促进家长间的育儿经验交流。

③ 高品位、信息敏感类人群。此类书店涵盖书刊文具售卖、展览展示、咖啡饮品售卖等功能区域，满足高品位、信息敏锐度高的人群需求。如方所文化书店，除去方所书店标志性"书长廊"的特殊性展示空间外，还设有艺术展区、美学生活馆、休闲咖啡区及个性化服饰区等功能分区，为消费者时刻提供体验书店高雅美学品位及前沿学术信息的文化氛围（图2-2-3）。

> 图2-2-3 方所书店

④ 综合类人群消费群体。将消费者定位于成年人和儿童群体，并根据他们的需求来完成最终的设计，形成多主题、多层次的文化氛围。儿童阅读空间以活泼、注重趣味性为主，吸引孩子进行阅读活动；老年阅读区邻近儿童区，以休闲性阅读或参加相关文化阅读活动为主；中青年群体阅读目的多样，涵盖求知和休闲娱乐等内容，空间呈现出多元化需求特点（图2-2-4）。

> 图2-2-4 沣东阿房书城

### 2）按经营模式分类

① 大型综合书店。此类书店品种齐全、功能完备、管理先进，致力于为读者提供多功能、全方位、高质量的一站式文化服务。消费者通常是不固定的人群，书店通过自身品牌文化吸引消费者。书刊布置常采用直排式与分散式相结合的方式。室内多设中庭空间，易于采光和分散人流。如黑川纪章事务所设计的深圳书城中心城，执行"五星级书店"的服务理念，主要将书城、绿色文化公园、城市捷运系统、滨水长廊等进行组合设计。书城内采用城中设店布局，设有商务中心、餐饮中心、总服务台、邮电代办所、银行等服务设施（图2-2-5）。

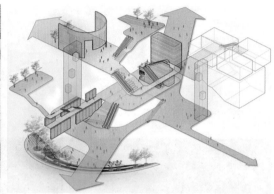

> 图2-2-5 深圳书城中心城

② 中型复合书店。此类型为市场上多数书店的缩影，通常面向固定的书籍门类和受众群体，具有明确的指向性。室内空间重在加强书店功能之间的联系，既要确保休闲空间的私密独立，又要确保书店的销售氛围。

中型复合书店分为仓储式书籍超市、卖场型书籍商店等。仓储式书籍超市主要针对书籍批发及二手书回收等，由于仓储、销售空间比较单一，展陈空间相对较少，品质较低，适合薄利多销的书籍售卖。卖场型书籍商店，营业面积与库房面积比例常为1：1，以开价销售为主，特殊商品进行专柜化管理。卖场型书籍商店的被服务空间与服务空间具有较强的主次逻辑。

③ 小型书店。小型书店规模通常小于100平方米，书籍经营方式常采用线上、线下共营的模式。小型书店所选取的书刊类型常明确清晰，由于受空间限制，此类书店常紧凑利用空间界面，空间层次丰富。

### 3）按建筑空间类型分类

① 社区型书店。该类型书店消费人群较为固定，常位于校园腹地、居住社区附近等，具备日常服务性功能（图2-2-6）。社区型书店常嵌入或贴附于主体建筑物，运用商业逻辑的延展性来吸引顾客，增加建筑的商业价值，柔化街道的立面。

② 会所型书店。此类型书店具有娱乐休闲特性，常与酒吧、网吧等并称为书吧。会所型书店常处于良好的景观区域，空间具有内向性。它常与展览展示、健身康养等商业休闲空间结合，通过举办读书沙龙、阅读交流等活动营造高消费文化场所氛围（图2-2-7）。

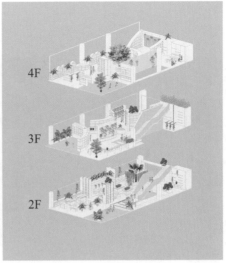

> 图2-2-6　唐宁书店

> 图2-2-7　米兰 Corso Como 书店

③ 旗舰连锁品牌书店。此类书店常处黄金地段，注重多功能布局，追求最小面积的效益最大化。高端品牌连锁书店常以独栋建筑作为精品书店（图2-2-8），同属一个品牌的书店内部装饰具有通用性。不同面积的连锁品牌书店空间将具有统一完整的功能分区，给人以"麻雀虽小，五脏俱全"的感受。

> 图2-2-8　Carturesti 连锁书店

④ 专题书店。专题书店在城市中具有簇团性。此类书店中消费者阅读时间较长、人群交

往频率较高（图2-2-9）。专题书店通过粘连设计使各书店的单体空间可达性增大，形成较好的阅读气氛。

> 图2-2-9　蒲蒲兰绘本馆

## （2）功能划分

### 1）导入区域

书刊类商业展示空间的入口通常注重展示店铺标识及经营特点，兼具活动宣传、休闲茶座、人员等候、室外阅览等功能。入口设计一般分为入口构筑物、休息场所、宣传界面等。

① 入口构筑物。入口构筑物常设置在较为宽阔的入口处，给人鲜明的第一印象。其设计风格直接受消费人群、书店主题等因素影响（图2-2-10）。

> 图2-2-10　合肥保罗的口袋书店，入口构筑物为英伦风格的红色电话亭

② 入口休息场所。目前书店设计逐渐重视交往空间的设置，入口休息场所是书店交往空间的延伸，多布置若干桌椅供人们就座休息、交流互动（图2-2-11）。

③ 入口橱窗宣传界面。主要商业街区书刊类展示空间的入口通常比较局促，无法进行构筑物的多元化布置设计。一般把书店的入口空间设计成玻璃墙体、透明展柜，由内而外展示书店的内部空间氛围（图2-2-12）。

> 图2-2-11　南京先锋书店

> 图2-2-12　书店入口界面常利用透明玻璃，
> 进行有效的对外宣传

**2）聚散区域**

聚散区域常设计在门厅、中庭、后院等位置。书刊类商业展示空间的聚散区域是展示空间节点的主要辅助部分，空间尺度适宜，常搭配装饰造型、绿植软装等设计要素。

① 门厅。在设计中常采用屏风、格栅、挡板、墙体等作为对景照壁，以确保功能空间在门厅过渡转折中的呈现效果（图2-2-13）。

> 图2-2-13　南京万象书坊在木格栅墙前摆放主要书籍

② 中庭。中庭位置的聚散空间具有突出主题、凝聚特色的功能。各个不同的空间功能区域皆面向中庭区域汇聚服务（图2-2-14）。

> 图2-2-14　沣东阿房书城中庭利用自然光渲染静谧感，交通流线围绕中庭布置

③ 后院区域。此区域是书店交通流线终点或最内层位置，常与其他功能区域分开。北京朴道草堂书店将前院规划设计成后院，形成不受干扰的相对独立的阅览区域（图2-2-15）。

> 图2-2-15　北京朴道草堂书店

### 3）售卖区域

售卖区域作为书店的主要区域，分为阅读区域、图书展示区域。

① 阅读区域。主要功能在于为消费者提供一个愉悦、轻松的阅读氛围，一般从读者的角度进行设计思考，迎合读者生理、心理需求和审美趣味，打造出充满文化气息的书店空间。

② 图书展示区域。一般依据书店的营销理念、消费群体进行设计定位。常根据图书种类进行不同区域的空间模块划分，为消费者能够快捷获取所需书刊提供服务。

### 4）服务区域

① 咖啡休闲区域。设置在书店内部的核心位置，常临近阅读、销售两大区域，服务区域范围覆盖整个书店。装修风格通常顺应书店整体效果，营造出相对独立的消费空间。有时也会独立于书店之外单独经营，为消费者在选购、阅读书籍的同时，提供舒适的服务。

② 工作服务区域。该区域提供信息咨询、付款结账、包装储物、售后等服务内容。

③ 书刊推广区域。此区域作为文化交流场所，在尽量不打扰其他消费者的前提下进行推广互动。图书推广区域相对独立，通常结合阅览空间、咖啡售卖空间、夹层空间或者通高空间等其他空间进行灵活的设计组合，宽敞明亮且富于变化，具有一定数量的桌椅和展示台面（图2-2-16、图2-2-17）。

> 图 2-2-16 保定新华书店      > 图 2-2-17 湖北省外文书店

④ 后勤储藏区。此区域是书店主要构成空间之一，包括员工休息室、办公室、库房等。后勤储藏区处于相对独立的区域，常利用便捷的货运通道进行物流间周转，避免与消费者交通流线产生交叉影响。此区域面积一般占据总平面的10%以下，若书店的面积较为宽裕或功能复杂，后勤存储空间所占比例将会随之增加。位于购物中心内部的书店通常情况下较少设置后勤储藏区，常利用展架空间进行储藏，但会设置较小面积的员工休息室，满足员工更衣休息、基本办公要求等。

## 2.2.2 设计内容

### （1）平面布局

#### 1）店内售卖区域划分

① 展示售卖区。此区域具有既融合书店内部空间，又保持相对独立的特点。现代书刊类商业展示空间不仅为售卖服务，而且能够凸显场所精神，增加书店氛围（图2-2-18）。为了满足书刊类展示空间的功能需求，需要放置大量书柜、书架和桌椅等，承载物品不同，书店的展示风格也会发生变化。

> 图 2-2-18 Harbook+ 湾里书香门店

② 书籍与音像出版物区。此类商业展示空间能给读者提供特色体验，除展示推荐榜单上的畅销书籍与音像出版物以外，还提供不同主题分类的经典书籍及音像制品，以满足不同年

龄人群的消费需求。除主要销售书籍、音像类产品外，其他产品的零售面积配比根据书店定位不同将产生较大差异，以观赏游客为主的书店的其他零售面积配比将控制在30%左右，而以书刊售卖为核心的书店则会将其他零售面积配比控制在10%左右。另外有较少书店未经营其他零售产品（图2-2-19）。

> 图2-2-19　马赛克书店

③ 轻食饮品区。简餐轻饮与书店结合成为目前书刊类商业空间展示的常见业态组合方式。饮品轻食区（含阅读区）除提供给消费者安静的阅读环境外，还经营西点、咖啡等简餐，呈多元化发展趋势。此区域面积配比根据书店规模而差异明显，通常1000m²以下的书店轻食饮品区配比将控制在总面积的30%左右（图2-2-20、图2-2-21）。

> 图2-2-20　某书店咖啡区域　　　　　> 图2-2-21　云朵书院旗舰店咖啡区及甜品屋

④ 文具与文创产品区。文具与文创产品相结合的售卖方式在书店空间中比较常见，复合型书刊类空间设计中或将文具、文创产品与店内书籍进行组合摆放，或是在店内大厅一侧放置较大的文创产品类售卖展示台（图2-2-22）。

> 图2-2-22　言几又厦门万象城旗舰店

⑤ 艺术展览区。将雕塑、陶艺、书画、摄影、手工类制品等艺术品引入书店，是现代书店多元化发展的功能需要，既丰富了文化内涵，又增强了展示氛围，深受消费者喜爱（图2-2-23）。

> 图2-2-23　上海朵云书院旗舰店

⑥ 活动展区。通过组织多样化的讲座等活动吸引消费者参与到此类展示空间中，是体验式营销的重要环节。设计中常结合书刊展示区或轻食饮品区等进行空间组合，根据活动规模和人数来规划、组合活动场地，一般人均面积为1～1.5m²（图2-2-24、图2-2-25）。

> 图2-2-24　LocHal图书交流区　　　　　> 图2-2-25　靖江书吧交流区

### 2）交通流线

书刊类商业空间展示流线设计是按照一定方向和次序为消费者安排的活动路径，常会让消费者产生参与到书店空间叙事序列的感受。入口、收银、书籍展示及售卖、文具及文创产品售卖等区域皆为消费者明确了所到达区域，廊道又具有引导作用。规划合理有序的交通流线能有效获得空间衔接、引导人员流动方向、创造复合多元空间。

## （2）展示方式

书刊类展示陈列对空间具有限定作用，顾客在挑选、阅读书籍过程中，会根据书籍的陈设方式进行一定程度的流动。另外，书刊自身在展示中具备商品和装饰物两种属性。通常按照书脊颜色进行摆放设计，冷色系和暖色系书刊之间常运用过渡色系书刊进行衔接调和。此类书刊展示手法适合装修风格较为简洁朴素的书店（图2-2-26）。

> 图2-2-26 湖北省外文书店

书刊类商业空间的展示方式常分为陈列书架、陈列柜台、展示性家具三大类。

**1）陈列书架**

书刊一般分为散本、盒夹式、板夹式三种，进行书刊排列时，除运用色彩间对比、渐变手法外，尤其要重视书刊文字的大小。当展示书刊的封面文字较小时，书刊陈列常以人近距离接触书架的平均视线高度为标准。此外，书刊的开本大小还决定了书架形式和展示方式（图2-2-27、图2-2-28）。

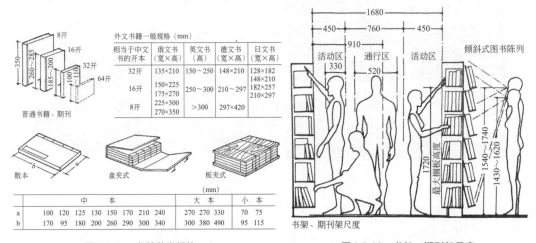

> 图2-2-27 书籍种类规格　　　　　　　> 图2-2-28 书架、期刊架尺度

书架摆放具有一定的排列规格标准：单排书架间距不低于800mm，双排书架间距应大于1200mm；双面书架以4层为例，书架长度为1060mm，高度为1520mm；单面书架以8层为例，书架长度为880mm，宽度为25～40mm，高度为1520～2082mm；杂志期刊架分为可拆卸期刊架和整体期刊架；8层期刊架长度为1220mm，宽度为580mm，总体高度为1520mm；整体性6层杂志期刊架长度为939mm，宽度为300mm，高度为1520～2082mm；报刊架长度为939mm，宽度为300mm，高度为2080mm（图2-2-29～图2-2-31）。

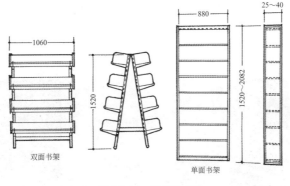

> 图2-2-29　双单面书架

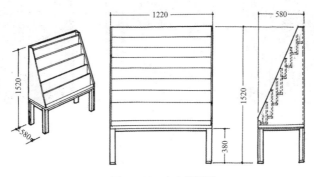

> 图2-2-30　杂志期刊架

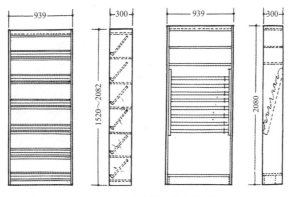

> 图2-2-31　杂志期刊架、报刊架

陈列书架的摆放可划分为静态阅读区域和动态阅读区域两类。静态阅读区域书架间距通常左右为650～900mm，前后为1300～1500mm，以尽量减少阅读时的相互干扰；动态阅读区以开阔性空间为主，书架以开放、半开放式空间形态为主要排列形式，空间范围较为宽泛、灵活。

**2）陈列柜台**

书刊展示中除去传统的展示台架，内部常穿插陈列柜台。陈列柜台的高低、大小、形状不同，组合样式多样，一般有正方形、圆形、长方形等形式。在展陈设计中，书店内部书架常搭配陈列柜台，为读者拿取种类繁多的书刊提供方便。此外，在书店通道口的墙壁上，还可利用隔板进行书刊展示。陈列柜台和墙面隔板陈列常用来展示新书刊（图2-2-32～图2-2-34）。

> 图2-2-32　西安言几又书店　　> 图2-2-33　筑蹊生活主题书店　　> 图2-2-34　重庆钟书阁

**3）展示性家具**

家具陈设与书店内部空间的布局规划、交通流线具有一定的关联性，主要包括书架、书桌、座椅等。书店内部空间和家具陈设设计要考虑不同年龄层面人群对于家具尺度比例的需求。

在家具设计中，要考虑儿童对于空间的尺度感与认知感的差异。7～12岁儿童的平均身高为1220～1450mm，眼高为1120～1350mm，为方便儿童查找书籍，非界面处的书架应小于1m。

儿童阅读区域的书柜高度、桌椅尺度应尽量体现多样化设计，儿童阅读区宜采用安全、灵活的低矮弧线型展示家具。动态阅读空间以灵活、移动性较强的家具为主，座椅应提供可卧可躺的多样化选择（图2-2-35）。针对伴读区成员的不同需求，家具组合也多种多样。

> 图2-2-35　钟书阁儿童馆

书店内成年人阅览桌距离地面的高度范围为710～760mm，桌面宽度为610～760mm。当人笔直坐在椅子上时，前边应该有450～600mm的空间，方便双腿能自如地活动。以书写、做笔记为主要使用功能的阅览桌，成年人使用的桌面长度为850mm，宽度为650mm；儿童使用的桌面长度为650mm，宽度为450mm。而以读书功能为主的阅览桌，成年人所用的桌面长度为650mm，宽度为450mm；儿童所用的桌面长度为600mm，宽度为400mm（图2-2-36～图2-2-38）。

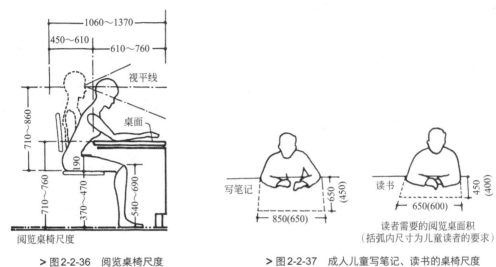

> 图2-2-36　阅览桌椅尺度

> 图2-2-37　成人儿童写笔记、读书的桌椅尺度

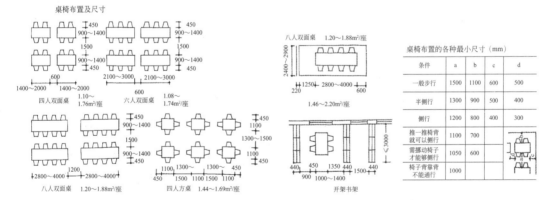

> 图2-2-38　不同桌椅布置及尺度

## （3）氛围营造

### 1）照明设备

书刊类商业展示空间通常采用落地式玻璃窗收集自然光线，条件较好的大型书店利用天窗自然采光。日光效果最佳的玻璃窗附近通常设计为阅读区域，重要书刊的展示则尽量避免长时间日光照射。

书店灯光照明中的整体照明常运用大面积片光或一定量的灯光，照射范围广、光线较均匀。但整体照明很难满足老年人、儿童等人群对灯光照明的需求，设计中应通过提高光源的显色度来弥补部分区域光源的不足。同时，要避免光源外露，造成灯光直射人眼，产生眩晕、刺眼等不良反应。在照度要求方面，书刊展示空间的不同区域可参照图书馆建筑的照度要求执行（表2-2-1）。

表2-2-1　图书馆建筑照明功率密度限值、照度标准值

| 房间或场所 | 照度标准值（lx） | 照明功率密度限值（W/m²） | |
| --- | --- | --- | --- |
| | | 现行值 | 目标值 |
| 一般阅览室、开放式阅览室 | 300 | ≤ 9.0 | ≤ 8.0 |
| 目录厅、出纳室 | 300 | ≤ 11.0 | ≤ 10.0 |
| 多媒体阅览室 | 300 | ≤ 9.0 | ≤ 8.0 |
| 老年阅览室 | 500 | ≤ 15.0 | ≤ 13.0 |
| 儿童乐园 | 300 | ≤ 10.0 | ≤ 8.0 |
| 公共大厅 | 200 | ≤ 9.0 | ≤ 8.0 |
| 常设展厅 | 200 | ≤ 9.0 | ≤ 8.0 |

书刊类展示空间的重点照明常根据所展示书刊的种类、方式进行设计，重点照明亮度是整体照明的3～6倍。非图书区域的照明方式以射灯和筒灯为主，图书区域则在筒灯、射灯照射的基础上，在书架内侧或上方适当添加灯带进行补光。如图2-2-39所示，针对店内特定展示书刊的需要，可选用不同的照明效果。如新书推荐及零售区域，采用射灯进行重点照明，突出展示效果；侧界面的挂画、海报等区域常采用点状射灯进行照明；台灯、落地灯、壁灯、吊灯等则用于咖啡阅读区照明，既界定出私密区域，又活跃空间氛围。

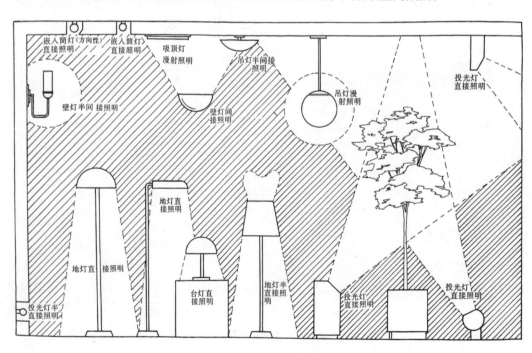

> 图2-2-39　照明方式

装饰照明要对不同空间的功能属性、风格定位等进行综合性衡量，在各因素间找到照度平衡点进行设计融合。书店的装饰照明一方面要结合灯具的造型、光色、反射等因素形成装饰照明效果；另一方面应根据周围环境特点凸显照明效果。苏州钟书阁将灯具组合设置在局部空间内，使暗色系环境更加衬托出照明的装饰性效果，形成独特美感的环境氛围。

**2）色彩设计**

书刊类展示空间的色彩设计能够彰显书店的品牌文化主题，加强空间独特性，提升顾客视觉辨别能力。书刊类展示空间色彩传达信息的影响因素如下。

① 空间功能的影响。因空间功能不同，书店的使用目的存在差异。在进行色彩搭配时，要考虑所选择的色彩是否符合空间的功能需求、气氛需要等因素。

② 空间使用者类别的影响。不同空间的颜色搭配要适合使用者的身心需求，对于儿童、成年人等顾客对书店空间的色彩感知要详细考量。在书刊类展示空间中，成人区域色彩倾向于简洁、深沉；儿童区域色彩则偏向于活泼、富有朝气（图2-2-40、图2-2-41）。

> 图2-2-40　保定新华书店　　　　　　　　　> 图2-2-41　LocHal图书阅读区

③ 照明的影响。色彩与照明之间相互作用，相互影响。色彩随照明变化，光线变化会产生一系列色彩变化效果。

④ 空间使用频率、时长的影响。通常情况下高明度、高纯度、较暖的色彩会使空间环境更富有动感，但长期身处此类色彩空间中的顾客易产生情绪躁动。因此，书刊类展示空间设计时应注意色彩搭配对空间使用频率和时长的影响。

# 2.3　百货类商业空间展示设计

最早的百货店产生于19世纪50年代的法国巴黎，20世纪流行于英国。百货店铺由早期的杂货店铺扩大而成，经营商品的种类不断增加，从日用品、药品、书籍到时尚饰品、家居建材等，种类日趋丰富。现今的百货店早已不是传统的格局，百货店的购物环境、商品特色、档次品味成为影响顾客消费的主要因素。如今的商家更加注重市场定位，开设"精品百货店"，出现了品牌连锁店铺，也有便利店、超级市场等商业空间，空间服务呈现多元化形态（图2-3-1～图2-3-3）。

> 图2-3-1　汉街万达购物广场

> 图2-3-2　泰国曼谷日用品零售店

> 图2-3-3　巴西TOG全球旗舰店

## 2.3.1　设计因素

百货店的市场占有率较高顾客，常以价格合理、品种齐全吸引消费者，不断满足其多元化的消费需求。为了营造出舒适的购物环境，要考虑如下设计要素。

### （1）设计定位

#### 1）百货店铺选址分析

商业地段的选择对于百货店铺而言非常重要。现今，百货类商家根据不同的商业区域划分经营业态，自主选择性较强的店铺常在城市或区域性商业区分布，小型便利店则依附于居民区存在。商业店面在选址时要综合考虑多方面因素，总结如下：

① 人流分析。人流量的大小会影响店铺的销售额。大型超市一般都选择在客流量较大的商圈，力图争取更多客户。百货店的客户可分为以下三种类型，自身客流、分享客流和派生客流。

从自身客流来说，选址时应注重所在地区的消费者定位，这一部分固定客流是商店固定营业额的主要来源。因此，在选址时要评估店铺所在地区的客流和未来发展趋势。

分享客流一般是两相邻店铺共享所获得的客流，不同类型的商店间常形成互补，小商店依附于大型超市。消费者在购买物品时经常会就近去相邻的商店选购，不经意间促进了人员流动。

派生客流指那些并非为购物而进入店铺消费的顾客，常见于旅游景点、公共场所等。这些消费者是店铺的潜在客户，陪同购物的旁观者很容易转换成消费客流。

② 交通因素。交通是决定百货店铺发展规模，以及确保顾客购买商品行为顺利进行的关键因素。需考虑是否有足够的停车位、装卸货物是否方便、交通流线是否合理。

店铺选址的地点不同，所要考虑的侧重点也会不同。如果选址处于交通枢纽附近，如车站、高速公路出入口，则需要分析其间的距离。如选择商业区，需考虑距公共交通站点的距离，关注是主要停靠站还是一般停靠站。通常主要停靠站的客流量较大，吸引的潜在客户较多。另外，还需分析交通管理状况给客流量带来的影响，比如单行线街道、禁止车辆通行街道、马路护栏与人行横道距离等因素带来的影响。

③ 商圈分析。消费者为购买某商品所经过的地区范围，意味着经营者希望店铺所包括的市场区域。经过商圈评估，可以确定周围范围内自身客流以及人均消费意愿、交通状况。商圈的设定是百货店选址的重要环节。

商圈从地理范围看有三种，第一种是位于核心区域的核心商圈，距店铺最近，是客流量的主要来源，人们的购买力最高；第二种是位于外围区域的次要商圈，顾客较为分散；第三种是位于边缘区的边际商圈，顾客的消费额比较低，这部分可以培养为店铺的潜在客户（表2-3-1）。

表2-3-1　根据地理位置划分商圈

| 商圈划分 | 区域范围 | 顾客占比 | 人均购买额 |
| --- | --- | --- | --- |
| 核心商圈 | 核心区 | 50% ~ 70% | 高 |
| 次要商圈 | 外围区 | 20% | 中 |
| 边际商圈 | 边缘区 | 10% | 低 |

商圈的地理范围可以用三个同心圆表示。按照同心圆的长短可以将商圈划分为超大商圈、大商圈、中小商圈。以百货店铺所在地为圆心，超大商圈的半径范围 > 5000m，较远的消费者依靠高速公路、地铁可以到达的商圈范围；大商圈的半径范围 ≤ 5000m，消费者需要乘坐公共汽车或开车才能到达；中小商圈的半径范围在500 ~ 5000m，消费者徒步或骑车均可到达（表2-3-2）。

表 2-3-2　根据同心圆半径长短划分商圈

| 商圈划分 | 半径范围 | 交通工具 | 商品种类 |
| --- | --- | --- | --- |
| 超大商圈 | > 5000m | 高速公路、地铁 | 综合类商品 |
| 大商圈 | ≤ 5000m | 汽车、公共汽车 | 日常选购品 |
| 中小商圈 | 500 ~ 5000m | 骑车、徒步 | 便利、生活必需品 |

**2）百货店分类**

① 超级市场。超级市场始于20世纪70年代的美国Supermarket，简称超市，因其便捷快速的购买方式很快风靡全球。超市作为新型零售业态于20世纪80年代被引入我国，又称"自选商场"。随后计算机网络的发展降低了商品销售成本，选购方式也由柜台式转变为自选型，顾客购物更随心所欲，从而进一步扩大了商机。

超级市场根据商品的类别又可以分为综合类超级市场、专业超级市场、其他类超级市场。综合类超级市场在我国数量较多，主要经营囊括所有日用品在内的商品；专业超级市场主要经营某类产品，主营产品占据超市的70%以上，如医药保健品超市、体育用品超市、化妆品超市、花卉超市等；除此之外还有其他类别超市，如为满足人们生活需求的五金建材超市、家具超市、家电超市等。当今，超市已具有成熟的经营模式，一般具有经营面积大、种类多、薄利多销、服务多元化等特征（图2-3-4、图2-3-5）。

> 图2-3-4　美国沃尔玛超市（大型连锁超市）　　> 图2-3-5　日本伊藤洋华堂（综合超级市场或量贩店）

② 便利店。便利店是在大型超市发展到稳定饱和的阶段时，从中分离出的小型新兴零售业态。既有超市的经营理念，同时还具备传统杂货商店的方便快捷。便利店在发展中衍生出了两个分支，一是围绕居民区的传统便利店，二是加油站型的便利店（图2-3-6）。较为大型的全球性连锁商店以加盟等方式占据了国内大部分市场，如全球最大的便利店连锁公司7-Eleven（图2-3-7）等。

除此之外，还存在着个人便利店形式，多集中在城市的居民区附近，或者二三线城市、乡镇。其经营利润相对较低，水平参差不齐，装修风格各异。当然其也有自身优势，由于店铺为自己经营，可根据顾客需求动态随机调整经营商品。

> 图2-3-6 加油站型的便利店　　　　　　　　　　　> 图2-3-7　7-Eleven连锁便利店

## （2）功能划分

依据日本7-Eleven连锁店曾做过的调查结果，可以得出百货店类商业空间展示功能划分原则：消费者对于商品的价格关心度不到10%，有30%的消费者关心店面的出入口设计，其中17%的消费者重视商品的选择，13%的消费者则注重店铺整体环境。可见，店铺的整个设计效果会直接影响消费购买力，关注店面合理划分，尊重消费者感受显得尤为重要。

### 1）大型超市

① 出入口区域。入口的设计是决定消费者是否能被吸引并成功走进店内的关键因素，应仔细观察、分析入口人群的行走动线，注意周围环境的交通状况。通常入口宜开设在行人最多的位置和方位，入口宜宽，出口宜窄，入口通常比出口宽约30%。入口处设置导向牌，指引顾客购物方向，可以按照每10人1～3个的标准放置推车或购物篮。在大型售卖场所，常在此空间设置问询处、服务台、寄存处、指示栏等多项服务设施。大型百货店铺出口必须要与入口分开，以避免人群拥挤造成危险事件。具有两层空间的沃尔玛超市，将入口设置在了二楼，出口设置在一楼，有效引导顾客进入卖场（图2-3-8）。

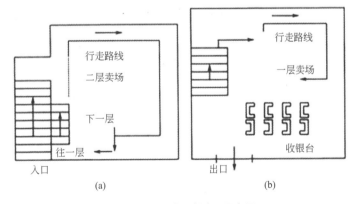

> 图2-3-8　沃尔玛超市平面布局

② 收银服务区域。收银设施设在出口处，根据超市面积大小决定是采用单线排还是双线排方式。根据调查，顾客结算等待时间最多为8分钟，否则顾客就会感到烦躁不满。因此，

需根据超市大小及客流量决定收款机的数量，一般按照每小时500～600人为标准来设置一台收款机。

③ 卖场后方设施区域。卖场后方设施区域是为工作人员工作、休息或加工食品等设立的区域，担负着补给前方卖场货物、指挥服务的责任。

- 作业场所是将原材料进行加工、包装、标价的区域。在大型超市里，一般在果蔬区、水产区、肉食区较为常见。作业场所的安排应注意与卖场之间的联系，既要确保消费者购买方便，又要考虑员工工作方便、快捷。

- 生活区域主要为超市员工提供一处福利场所，包括休息室、浴室、食堂。舒适的生活设施能为工作人员带来更高效工作的动力，有利于员工的招募。

- 仓库是大型超市必不可少的区域，对干货类的商品而言，一般需要有仓库进行短暂存放。随着物流公司配送速度的加快，商场产品能够得到及时补给，存放货物周期常为1～2天。

**2）小型便利店**

① 计划购买区。主要摆放消费者计划购买的商品，又称目的性购买区。存放的商品一般为日用品，如便当、面包、果汁饮料等。客流一般为固定客流，消费者经常购买这类商品，且熟知便利店布局。

② 一般购买区。主要为消费者日常所需品，如洗漱、杂货等，又称为零售购买区。位置一般设置在便利店的中间区域，消费者可以经常看到，但又不必须经过的区域。

③ 冲动购买区。消费者在选购计划购买的商品时会顺便购买临时看好的商品，这就是冲动消费。日本7-Eleven连锁便利店调查显示，便利店70%的销售额都属于顾客冲动消费，消费者会在货架前停留平均两分钟，90%消费者会在10秒后迅速决定，30秒后冲动性完全消失，因此冲动购买区应设置在顾客停留较多的地方。

④ 收银台服务区。便利店由于空间设置，收银台数量相对较少，一般设置在店铺醒目位置，代表了便利店整个形象。收银机旁常放置高利润商品，同时这类产品又属于冲动消费的商品。

便利店各区域划分如图2-3-9所示。

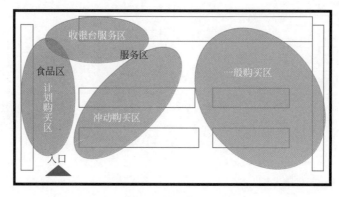

> 图2-3-9　便利店区域划分

## 2.3.2　设计内容

### （1）平面布局

#### 1）橱窗设计

百货店橱窗展示以吸引消费者进店选购为目的，常采取大面积透明落地玻璃，即把整个店铺变成了橱窗的一部分，使行人对店内一目了然（图2-3-10）。百货店的橱窗陈列主要有以下几种：

① 同类型商品橱窗。同种类型、材料制造的商品组合陈列，如玻璃花瓶、玻璃碗碟等橱窗。

② 同质不同类商品橱窗。同种材料做成的不同类别的组合商品，如陶瓷茶具、陶瓷刀具等。

③ 同类不同质商品橱窗。同一种类别做成的不同质料的组合商品，如化妆品橱窗。

④ 不同质不同类商品橱窗。不同种类不同材料的商品组合在一起，如花卉、家具橱窗。

> 图2-3-10　东京千代田区巧匠工艺品店

#### 2）店铺招牌

展示店铺信息的招牌常设置在室外，主要有以下几种：

① 屋顶招牌。常在屋顶竖立巨型招牌，是企业自我宣传的广告牌，可识读性强，具有宣传效应。常适用于大型百货超市，比如宜家家居百货超市（图2-3-11）。

② 拦架招牌。一般设置在店铺的正面，显示店铺的主要营业内容。

③ 侧翼招牌。一般位于零售店两侧，可以充分吸引两侧行人的注意，招牌内容可为店铺名称，也可以是广告宣传语（图2-3-12）。

④ 路边招牌。可以用店铺的吉祥物或者吉祥标语作为招牌，放置于店铺门前的道路上。

> 图2-3-11　宜家家居百货超市　　　　> 图2-3-12　街边广告宣传语

### 3）通道设计

百货零售店内的通道主要分为主通道和副通道，主通道是引导消费者进行购物的主要动线，副通道是顾客在店内活动的次要动线。成功的购物路线需要通过商品的陈列以及合理的通道加以引导。百货零售店内通道设计一般遵循以下原则：

① 适当的宽度。大型超市主通道需保证消费者使用购物筐或推车购物时不拥挤，以容纳2~4人并排推车行走为最大宽度，一般通道在2~3m最为合适；副通道的宽度以1.2~1.5m为准，最窄不得少于0.9m。具体如表2-3-3。

表2-3-3　根据卖场面积划分通道

| 商店规模 | 单层卖场面积300m² | 单层卖场面积1000m² | 单层卖场面积1500m² | 单层卖场面积2000m² |
| --- | --- | --- | --- | --- |
| 主通道 | 1.8m | 2.1m | 2.7m | 3m |
| 副通道 | 1.3m | 1.4m | 1.5m | 1.6m |

② 笔直无障碍。道路设置尽可能笔直，避免出现迷宫式、返回掉头的布局情况，可适当引导顾客停留，以创造销售机会。道路尽量保持平坦无障碍，否则需设置警示牌，以免购物出现危险（图2-3-13）。

③ 避免盲区。尽量避免购物盲区出现，可通过购物动线，调整通道宽度或提升陈列技巧吸引消费者（图2-3-14）。

> 图2-3-13　超市笔直无障碍

> 图2-3-14　避免盲区

## （2）展示方式

### 1）售货区陈列设计

在超级市场中销售的商品主要分列在货位区、通道区、中性区和端架区。商场中的大多商品被分门别类地陈列在货位区；一些打折促销的商品陈列在通道区；中性区属于超市卖场通道与货位的临界区；端架区位于货架陈列最前端或最后端，为最佳陈列区，由于其位置优越，位于卖场入口处，常放置精美的、季节性的商品。

### 2）内部布局

超市卖场的布局陈列常根据磁石理论进行调整，磁石即可以吸引顾客注意的商品。通过磁石理论设置陈列布局，可以引导消费者，增加购物量（表2-3-4）。

表2-3-4　超市内部布局陈列

| 磁石类型 | 位置 | 商品类型 |
|---|---|---|
| 第一磁石 | 位于超市主通道两侧，是消费者必经之地，是销售商品的主要区域 | 消费者随时需要、时常购买的商品，卖场主营产品。如日用装饰品 |
| 第二磁石 | 穿插在第一磁石之间，引导顾客动态流线 | 前沿商品，外观可以吸引消费者。如最新洗涤用品 |
| 第三磁石 | 超市中央陈列货架两头的端架位置，是顾客接触频率最高的区域 | 特价商品，具有季节性、时令性、高利润的特点。如个人用品 |
| 第四磁石 | 位于超市副通道的两侧，以满足客户求新求异的偏好 | 促销商品，价格较低，有大规模的广告宣传。如创意设计较强的日用小商品 |
| 第五磁石 | 位于收银处前的中央卖场区域 | 低价促销的商品，非主流商品 |

根据以上图表，可以划分出磁石位置（图2-3-15）。

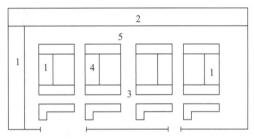

> 图2-3-15　磁石位置划分

1—第一磁石；2—第二磁石；3—第三磁石；4—第四磁石；5—第五磁石

## （3）氛围营造

### 1）照明设备

百货类商业空间展示照明应保持正常的光照强度，确保顾客便利无障碍地选购商品。目前大多百货店内常采用色温为3500～5500K的LED灯管或灯带作为基础照明。

在基础照明基础上，为了加强商品展示的吸引力，提高商品挑选的审视照度，常在重点陈列区或橱窗一般陈设区采用投射灯、内藏灯或导轨灯等局部照明，重点照明照度一般为基础照明照度的3～6倍。装饰照明具有美化作用，大型百货商店常使用装饰照明营造购物环境，连锁超市一般用来烘托节庆氛围。百货卖场不同区域的照明要求如表2-3-5所示。

表2-3-5　百货卖场不同区域的照明要求

| 照度（lx） | 适用区域 |
|---|---|
| 100～200 | 普通走廊、通道、仓库 |
| 500 | 卖场内一般性的展示、商谈区 |
| 2000 | 重点陈列、展示品、重点展示区、商品陈列橱窗、POP广告、商品广告 |
| 5000 | 橱窗重点位置 |

**2）色彩设计**

百货类商业空间常利用商品的色彩包装及装饰效果吸引消费者（图2-3-16）。不同种类的商品色彩应用，对于商店的氛围具有较大影响。

> 图2-3-16　北京Aleybo厨具用品旗舰店

① 家庭百货区。家庭日常用品讲究清洁效用，常采用蓝色、白色等冷色调装饰。

② 化妆品百货区。消费者多为女性，关注重点在于美容护肤，常采用清新淡雅的中性色装饰。

③ 儿童百货区。儿童用品如玩具等，追寻娱乐、活泼等特点，多用高明度对比色调装饰。

④ 食品百货区。讲究安全、健康、营养，常采用暖色调装饰。

⑤ 五金百货区。常采用中性色装饰（图2-3-17）。

> 图2-3-17　丹麦United Cycling自行车店

# 2.4　食品类商业空间展示设计

民以食为天，食品商业是经久不衰的行业，国内外大街小巷遍布着与食品相关的店铺：生鲜店、烘焙糕点店、饮品店等。在食品类商业展示中，常注重视觉、嗅觉和味觉等五感完美融合，关注顾客消费心理及商家所推崇的企业理念，通过设计手段将商品展示给顾客，吸引更多消费。

## 2.4.1　设计因素

### （1）设计定位

食品类店铺根据食品的种类、消费人群的需求，选择不同的设计意向。通常，因其店铺坐落的地理位置及环境不同，设计规模、风格形式会随之有较大差异。例如同一品牌的蛋糕坊会因其坐落的城市街区不同或人们购买力的悬殊而产生不同的规模和装饰风格。同样是菜蔬店，因其所处市区、街区不同，将会产生超市、菜店、菜市场等不同形式的售卖场所。

**1）市集市场**

在历史上，食品首先出现在市集市场上，小商贩将食品与其他的生活用品摆放于摊位上，售卖给民众。市集市场作为开放型空间具有一定的灵活性，不仅能够出售商品，同时还具有社交功能。市集市场因其丰富的声音、色彩、味道而显得热闹非凡。如今城市中的市集更多是分布在居民区附近，主营肉食、蔬菜瓜果等类别的商品，呈现形式一般为大型批发市场，并由政府统一建造（图2-4-1）。而在我国某些农村地区，则依然保留着村民自发性的市集。

> 图2-4-1　农贸市场

**2）超级市场**

进入20世纪，随着各类交通运输路线的开通，超级市场逐渐发展起来。大型集团的食品运输至各地，人们只需通过一家超市就可以满足对于食品的各种需求，并且食品的价格相对便宜，货源较为充足（图2-4-2）。

> 图2-4-2　厦门优吉超级市场

### 3）特色食品类专营店

当今传统食品店逐渐转型，食品店成为人们聚会休闲的新型场所。此类空间通常与市场体验联系密切，特色食品专营店跨越了零售与休闲娱乐两个商业业态，店内经营的食品与富有特色的空间设计进行结合，增加了店铺的商业魅力。特色食品类专营店主要类别有烘焙类、饮品类、熟食类等（图2-4-3、图2-4-4）。

> 图2-4-3　温哥华Flourist面包咖啡店　　　　> 图2-4-4　东京Milk.Black.
> Lemon.午后红茶旗舰店

## （2）功能划分

食品类店铺不同的功能属性更加融合，并拓宽了与文化、教育、展览等不同产业链之间的联系。如今的食品类店铺已经不仅仅具有售卖商品的功能，而是展示品牌文化理念、交流空间氛围的载体。综合类食品商业空间通常划分为展示售卖区、品尝区、存储区、制作区等几大区域（图2-4-5）。

> 图2-4-5　嘉禾阳光烘焙店

1）展示售卖区

不同的食品具有不同的展示方式，通常采用普通展架、展台以及具有冷藏功能的展柜。

2）品尝区

品尝区是食品类商业空间中的重要部分。此类空间的主题性设计是通过其营造的品尝区环境，向目标群体表达设计思想主题和经营理念。品尝区的设计重点是如何将桌椅与整体空间进行相互结合，为消费者创造一个休闲舒适的品尝空间。

3）制作区

制作区是食品类商业空间设计中必不可少的一环，虽然是非营业空间，但却占有相当的比重。食品类制作区通常具有开放式、半开放式和封闭式三种空间形式，如糕点等加工制作区属于封闭或半封闭式空间形式，饮品加工则常采用开放式空间形式。

4）存储区

小型食品类商业空间如饮品店、烘焙店的存储区域一般靠近制作区，用来存储制作食品所需要的原材料；较为大型的食品店铺如超市，会配备空间较大的仓库，所处区域相对隐蔽。此外需要注意的是，干货及包装材料必须配备足够的储存空间，要保证空间内的食品材料不受虫害。

## 2.4.2 设计内容

### （1）平面布局

1）功能区布设

食品类商业空间展示布局规划要考虑食品的安全运输、制作流程以及垃圾的有效化处理等，必须确保有足够的空间用于以下活动（表2-4-1）。

表2-4-1 食品类店铺的空间规划

| a.食品传送通道 | 与顾客浏览通道区分开，保证食品安全运输 |
| b.干货存储区 | 货架区、茶水间区、食品级容器、存储区 |
| c.冷食、热食存储区 | 制冷设备与冷冻设备、加热设备存储区 |
| d.清洁用品及设备存储区 | 独立存储柜、橱柜等摆放区 |
| e.垃圾管理区 | 分类垃圾存储容器区，垃圾箱须防渗漏 |
| f.个人物品存放区 | 独立的存储柜、可用于存储物品的空间 |
| g.食品存放器皿存放 | 足够的存储空间，易于清洗并防止污染 |
| h.设备存放区 | 足够的区域用于存放烹饪及食品制作设备 |
| i.食品包装材料存放 | 足够远离地面存放空间，防止污染 |
| j.办公区及办公设备区 | 与食品存放与制作区分离，防止污染 |

食品类商业空间展示设计过程中，烘焙店、甜品店、咖啡店等还需考虑桌椅间的摆放次序。桌椅排列的基本形式可分为以下几种（表2-4-2）。

表 2-4-2　桌椅排列基本形式

| 布局形式 | 方式 | 消费者体验 |
|---|---|---|
| 纵向布局 | 从引导空间向进深方向纵向排列 | 生硬单调 |
| 横向布局 | 与主要的通道成直角布局的形式 | 进出不方便 |
| 纵横向布局 | 纵向与横向混合的形式 | 较复杂繁琐 |
| 变形式布局 | 曲线式、曲折式布局形式 | 变化而有个性 |
| 分散式布局 | 按一定感觉整齐布局形式和不规则布局结合 | 宽松氛围 |

### 2）交通流线

合理化的路线流程设计既可以促进销售又可以优化工作流程，防止食品受到污染，减少店内清洁维护工作，提高效率。因此，需对店内工作人员流线以及顾客流线进行合理设计。食品类商业展示空间的交通流线设计常考虑以下方面。

① 流线开放畅通。店内的通道流线应考虑到顾客走动选取、购买商品时的舒适性、通畅性。通过交通流线的设计，引导顾客顺利到达店内的每处角落，让店内的空间规划得到有效提升。

② 主次通道宽度适宜。通道的走向设计、宽度、位置应根据食品店商业规模、客流量、售卖商品的种类性质进行确定，通道过于宽敞会使顾客忽略周边的商品展示。通常情况下，人员拥挤、价位合理的店铺常吸引顾客。此外，收银台前的通道应适当拓宽，或将展示售卖区后撤，避免顾客结账等待、拥挤造成厌烦心理。

③ 售卖场所要与后场相连。加工区、仓库、更衣室等商业空间的补给处，在交通流线划分上应格外留意。在食品类商业展示交通流线设计时，应采取高效、利于工作流程的方式处理售卖场与后场之间的线路规划。

## （2）展示方式

店铺内的一些食品，除去一些带皮坚果或蔬菜类需要清洗的食品之外，其他类的食品应提前包装好，放置在柜台、展架等内部进行展示售卖，以防止顾客对商品进行无意识地碰触和随便拿取。而未经包装的食品可采用成堆或成块的方式展示出售，鲜活类生鲜产品，例如鱼、虾、肉类等，尽量给顾客提供自助服务形式（图2-4-6）。

> 图2-4-6　鲜活类产品的展示

### 1）陈列方式

水果蔬菜等生鲜店铺的陈列原则应做到色彩搭配美观、突出季节特征；而肉类陈列则应遵循系统化、色彩合理化搭配原则，例如店内肉品货柜的背景色偏红，肉质看上去会不新鲜，如若改用对比色，肉质看上去将会更鲜嫩。常见陈列方式如下。

集中陈列：将一种商品大数量集中展陈到某一地方。如食品、酒水、日用品等（图2-4-7）。

随机陈列：用桶、筐、箱等工具无规则地陈列商品（图2-4-8）。

岛式陈列：生鲜水果店可采用岛式陈列，利用展台将水果进行排列、置放、堆积、交叠、装饰等分层展示（图2-4-9）。

> 图2-4-7　集中陈列

> 图2-4-8　随机陈列

> 图2-4-9　岛式陈列

### 2）展示用具

食品类商业空间展示多采用陈列橱窗、台架和柜台，目前大多数商店约有70%～80%的出售商品以货架形式进行陈列，陈列橱窗、台架和柜台是不可或缺的展示用具（图2-4-10、图2-4-11）。标准货架、货柜一般采用金属材质，其陈列空间的利用率较高，方便顾客挑选商品。

经营生鲜类产品，例如鲜肉果蔬、冰淇淋饮品等，需要放置在保鲜柜中进行出售。保鲜柜分为敞开式（岛式冰柜）、立式两面式保鲜柜，其中两面式保鲜柜可细分为880mm、900mm、1000mm三种不同进深尺度（图2-4-12）。具体尺寸数据要求如表2-4-3所示。

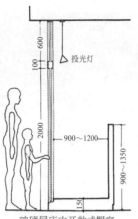
玻璃屏店内开敞式橱窗
店内开放型橱窗,随季节及节日陈设时令商品,随时可更换商品内容,从而促进商品的销售。此种橱窗只适用于大中型商品陈设

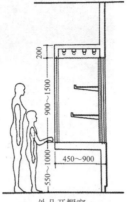
外凸开橱窗
此种形式的橱窗,使人感受亲切明快,商品展示区域集中、空间尺度亲近,更适用于饮食业店铺及中小型商品陈设

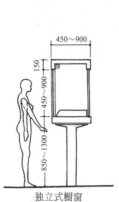
独立式橱窗
锁闭式橱窗,是贵重品商店必不可少的陈设空间,设计时应考虑防盗设施、开启方便等功能。适于展示金银首饰、宝石、精制工艺品等

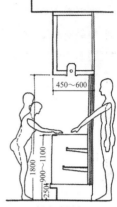
柜台式橱窗
店铺内外相通的柜台式橱窗,适用于店面街头销售,如书店的期刊杂志书报、即食即饮食品及香烟等

> 图2-4-10　陈列橱窗分类

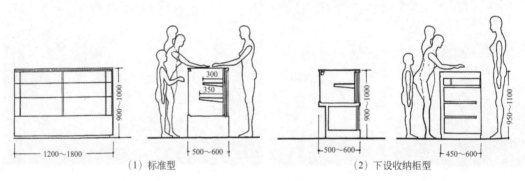
（1）标准型　　　　　　　　　　　　（2）下设收纳柜型

> 图2-4-11　柜台

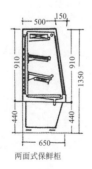
两面式保鲜柜

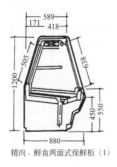
精肉、鲜鱼两面式保鲜柜（1）

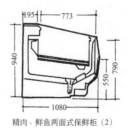
精肉、鲜鱼两面式保鲜柜（2）

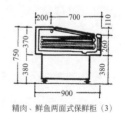
精肉、鲜鱼两面式保鲜柜（3）

> 图2-4-12　保鲜柜

表2-4-3　两面式保鲜柜具体尺寸数据要求

| 展柜形式 | 高度（mm） | 宽度（mm） |
|---|---|---|
| 敞开式保鲜柜 | 1900 | 1080 |
| 鲜鱼肉保鲜柜 | 1900 | 1080 |
| 两面式保鲜柜 | 上半：910；下半：440 | 上半：500；下半：650 |
| 精肉鲜鱼两面式保鲜柜 | 1200 | 880 |

值得注意的是，冷藏组合设施不应放在烹饪或是高温加工的设备附近，以免增加制冷负荷。保温及加热设备必须将潜在危害食物展示和存储过程中的温度保持在60～73.9℃甚至更高的温度。无论是冷藏还是加热设备，都需要配备食品温度表以便检测温度。

除去即时性的冷藏和保温食品外，普通食品在展柜上的主要陈列器皿又可分为陈列筐、塑料盒、鸡蛋盒、塑料圆盘、浅盘、草莓盘、陈列盘、白盒、圆盘等（图2-4-13）。

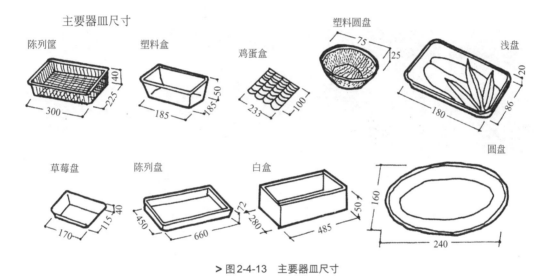

> 图2-4-13　主要器皿尺寸

## （3）氛围营造

### 1）照明设备

食品类商业空间展示效果常通过灯光的照明设计来突出强化商品的特点与艺术气息。控制灯光布局、均匀化照度等级指标，能够着重凸显商品的陈列、展示情况，使空间视觉层次丰富生动。为方便顾客选购商品，食品类商业空间内部平均照度相对较高（图2-4-14、图2-4-15）。

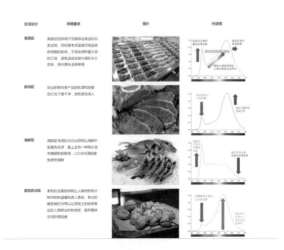

> 图2-4-14　不同区域照明要求

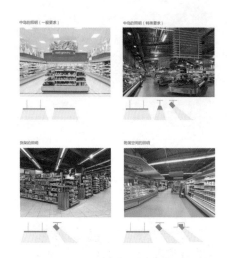

> 图2-4-15　中岛、货架、附属空间照明

食品货架区域的照明设计根据高度不同，可选择采用光带式、点状式、垂直式照明式样（图2-4-16）。货架间的照明设计要避免产生阴影，常选用有遮罩的荧光灯支架、防眩的格栅灯盘等作为主要照明。货架间的照明色温要求为2500～4200K，显色指数（Ra）>80，照度控制在300lx左右，确保在人的视野范围内不出现眩光，通常肉类色温在2500K左右，三文鱼和虾类食品色温在3000K左右，鱼和海鲜类色温在4200K左右，果蔬类在3000K左右，面包和干酪的色温在2700K左右（图2-4-17）。促销区域的照明应与周围环境稍有不同，整体照明亮度应高于周围环境20%。常用食品饮品的照度标准如表2-4-4所示。

> 图2-4-16　光带式照明

> 图2-4-17　超市蔬果生鲜色温

表2-4-4　食品饮品照度标准值

| 房间或场所 | | 参考平面及<br>其高度 | 照度标准值<br>（lx） | 眩光值<br>（UGR） | 照度均匀度<br>（U₀） | 显色指数（Ra） |
|---|---|---|---|---|---|---|
| 食品 | 糕点、糖果 | 0.75m水平面 | 200 | 22 | 0.60 | 80 |
| | 肉制品、乳制品 | 0.75m水平面 | 300 | 22 | 0.60 | 80 |
| | 饮料 | 0.75m水平面 | 300 | 22 | 0.60 | 80 |
| 啤酒 | 糖化 | 0.75m水平面 | 200 | — | 0.60 | 80 |
| | 发酵 | 0.75m水平面 | 150 | — | 0.60 | 80 |
| | 包装 | 0.75m水平面 | 150 | 25 | 0.60 | 80 |

果蔬区的生鲜食品照明尽量选择无紫外线、无红外线辐射的高显色性的冷光源，确保照明中果蔬的水分不流失，最大程度还原蔬果的新鲜感。暖白色光源适用于水果、蔬菜区域，2700K的暖白色光源适用于水果，3000K的光源适用于浅绿色蔬菜，显色指数>80（图2-4-18、图2-4-19）。

食品店铺中，生鲜区域应确保能呈现食物本色，对显色指数也有一定要求。一般来说，显色指数（Ra）越大，颜色就越鲜艳。展陈不同食品时可将灯具的色温与显色指数搭配进行设计（图2-4-20～图2-4-23）。

## 显色指数（Ra）

显色性是光源呈现物体真实颜色的程度。显色指数则是光源显色性的量度，以被测光源下物体颜色和参考标准光源下物体颜色的相符合程度来表示。商业照明光源显色指数要求不低于80以确保能反映商品的真实颜色。

Ra < 80

Ra > 80

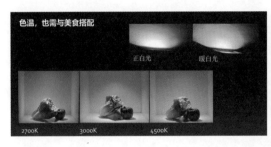

> 图2-4-18　不同显色指数下色泽

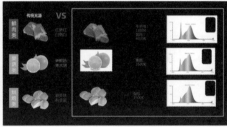

> 图2-4-19　不同色温光源对比

## R9值

简单来说，灯具R9越高，表明该灯具对红色物体有越好的颜色还原能力。当R9<0时，说明光源的红光成分不足，红色严重失真，对于菜品的表现力大大削弱。在生鲜区的鲜肉区应该选择R9较高的光源。

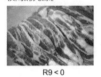
R9 < 0

R9 > 0

> 图2-4-20　生鲜肉不同光源对比

### · 专业的肉类零售光源（1800K & 3000K鲜点）

| 产品系列 | 驱动电流(mA) | 功率(W) | 色温(CCT) | 显色指数(Ra) |
|---|---|---|---|---|
| CLM-14 | 500～975 | 17～35 | 1800 | 70 |
| CXM-14 | 720～1230 | 24.5～44.5 | 1800 | 70 |
| CXM-18 | 900～1630 | 30.6～57.5 | 1800 | 70 |
| CLM-22 | 1100～1860 | 37～68 | 1800 | 70 |

| 产品系列 | 驱动电流(mA) | 功率(W) | 色温(CCT) | 显色指数(Ra) |
|---|---|---|---|---|
| CLM-14 | 500～975 | 17～35 | 3000 | 70 |
| CXM-14 | 720～1230 | 24.5～44.5 | 3000 | 70 |
| CXM-18 | 900～1630 | 30.6～57.5 | 3000 | 70 |
| CLM-22 | 1100～1860 | 37～68 | 3000 | 70 |

Confidential © 2016 Luminus Devices, Inc.

> 图2-4-21　肉类零售光源

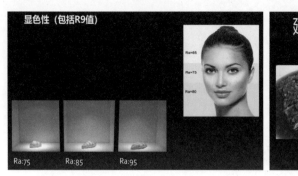

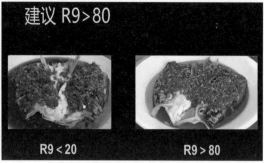

> 图2-4-22　不同糕点显色性　　　　> 图2-4-23　熟食对比

不同类别的食品对于色温和照度的数据要求也不相同，具体如表2-4-5所示。

表2-4-5　不同食品色温及照度标准

| 食品分类 | 色温 | 照度 |
| --- | --- | --- |
| 果蔬类食品空间 | 3000K暖白色光源 | 1000lx |
| 熟食类食品空间 | 1800 ～ 3800K高显色性冷光源 | < 800lx |
| 生鲜类食品空间 | 3000 ～ 4200K高显色性冷光源 | 平均照度：300lx<br>重点区域照度：> 500lx |
| 烘焙甜品类食品空间 | 2500 ～ 2700K暖白色光源 | 1200lx |

### 2）装饰材料

食品类商业空间装饰材料注重地面、墙面、天花的材质选择，尽量减少油污及灰尘附着。因此，墙面可选用淡色系、亮光材质来进行装饰，保持店内清洁的便捷。瓷砖是食品类空间的首选材料，可以有效地防止灰尘和油污的沉积。操作区的墙面必须采用防水材质来进行装饰，如不锈钢、瓷砖等。具体如表2-4-6所示。

表2-4-6　食品类商业空间里较为常见的墙面装饰材料

| 装饰材料 | 清洁区 | 食品区 | 蔬菜区 | 存储区 | 冷藏区 | 就餐区 |
| --- | --- | --- | --- | --- | --- | --- |
| 不锈钢 | √ | √ | √ | √ | √ | √ |
| 瓷砖 | √ | √ | √ | √ | √ | √ |
| 乙烯板 | √ | √ | √ | √ | √ | √ |
| 铝板 | √ | √ | √ | √ | √ | √ |
| 钢板 |  | - |  | √ |  |  |
| 抹平的水泥 |  | √ | √ | √ |  | √ |
| 彩绘砖 |  |  |  | √ |  | √ |
| 混凝土 |  |  |  | √ |  | √ |
| 预制板 | √ | √ | √ | √ | √ | √ |

# 2.5 电子产品类商业空间展示设计

随着科技的日益创新，电子产品已成为人类工作生活中不可替代的生产工具和消费品，给人们衣食住行、通信、娱乐、交流等带来极大的便利。目前，电子产品是更新换代最快的门类之一。电子产品体验店作为一种全新的商品售卖形式被消费者认可。体验店一般采取线上线下商品销售联动，能够最大程度满足消费者的产品体验（图2-5-1、图2-5-2）。

> 图2-5-1 老板厨房电器店　　　　　> 图2-5-2 多伦多 Headfoneshop 耳机店

## 2.5.1 设计因素

### （1）设计定位

#### 1）电子产品的分类

电子产品泛指一切用电子元件组成的产品，种类繁多。一般民用电子产品常分为家用电子产品以及办公电子产品，如表2-5-1所示。

表2-5-1 电子产品划分

| 分类标准 | 种类 | 商品实例 |
|---|---|---|
| 家用电子电器 | 空调器具、制冷器具、厨房器具、清洁器具、娱乐产品、取暖器具、照明器具、智能家电 | 电吹风、电熨斗、电视机、冰箱、空调、洗衣机、烤箱、电饭煲、电热毯、吸尘器、扫地机、电子游戏机、电炉、手机、学习机、监控等 |
| 办公用电子电器 | 通信类产品、生产产品、计算产品、视频产品、计时产品、医疗保健类 | 电脑、手机、投影仪、计算机、打印机、监控、电动轮椅等 |

#### 2）市场因素分析

如今电商行业对于实体店铺的冲击较大，电子产品体验店这种新型营销模式正在城市中逐渐普及。根据市场现状，对电子产品进行市场分析，可以总结出影响市场的一些因素。

① 消费人群。消费者的年龄、分布决定了市场需求。不同年龄结构的消费者对于电子产品的需求有较大差异，比如青年人热衷于电玩、游戏机、学习用具、计算机等智能电子电器

产品；中老年群体更热衷于保健类电子产品。人们对于高效便捷电子产品的需求正在逐年增加，便捷智能化家电产品将会拥有更广阔的市场（图2-5-3、图2-5-4）。

另外，消费者分布的地理位置对产品的销售类别会产生较大影响。比如空气干燥、气候寒冷的北方地区对于电暖器、加湿器的需求较大；南方及沿海地区，潮湿、雾气大，消费者对烘干、除湿产品需求较大。

> 图2-5-3　奇客巴士高科技产品零售店

> 图2-5-4　新加坡race体验店

② 经济环境。经济是影响消费者购物欲望的直接因素。追求高品质的消费者在选择电子产品时，更倾向于选择配置高、容量大、较为豪华的电子产品，对店铺的选择更倾向于注重体验感受的店铺或者品牌专营店；一般消费者对于电子产品的要求更倾向于经济实用，通常会到附近的综合商店或者电子电器大卖场选购。

③ 消费心理。消费者的生活方式、消费心理对电子产品销售具有较大影响。性格较为外向的消费者，更喜欢购买彰显个性的产品，对于电子产品的选择更倾向于冒险性、创新性的产品；而性格内向的消费者则更倾向于购买大众化、较为实用的电子产品。

## （2）功能划分

### 1）店铺入口

店铺入口设计应结合店内营业面积、客流量、地理位置、商品特点等进行合理安排。一般应注意门前的路面是否平坦，建筑物是否遮挡门面以及采光、噪音等问题。如家用电器专卖店，门面大小适宜会使顾客有价格亲民的感受。在销售大型彩电、电冰箱、空调等体积较大的电器时，应考虑顾客消费过程中的体验感。

电子类店铺常选用落地玻璃，结合橱窗效果充分体现展示氛围。无边框的整体落地玻璃透光性较好，造型华丽，能提升店铺形象，适用于现代电子卖场，如品牌手机店等（图2-5-5、图2-5-6）。

> 图2-5-5　Apple旗舰店　　　　　　　　　　> 图2-5-6　OPPO旗舰店

### 2）展示空间

展示空间是电子产品展示销售的主要区域，常利用橱窗、展柜、展架、展台等方式将产品全方位展示给顾客，便于消费者挑选（图2-5-7）。

> 图2-5-7　电子商品旗舰店展示区

### 3）导购空间

较大型的电子卖场会设置专门的导购人员，便于店员与消费者进行沟通交流。电器不同于其他商品，产品更新换代快，对于年龄较大、接受新事物较慢的消费者来说，购买电子产品时需要有导购人员进行协助。导购空间一般隶属于商品展示区域。

### 4）体验空间

消费者在选购商品时，经常需要试用喜欢的产品。此空间依据商品特点营造出较为舒适的互动体验区域，便于顾客交流，更深入地了解产品性能（图2-5-8）。

> 图2-5-8　上海麦景图影音艺廊

### 5）储藏空间

电子类产品卖场的存储区域应注意隐藏。通常电子产品存放应注意以下几点：大型电子产品应面向通道进行保管；同一类电子产品宜存放于同一地方保管；根据商品重量妥善安排存放位置高低；保证仓库作业的连续性，使产品的收发、保管、作业互不干扰。

## 2.5.2　设计内容

### （1）平面布局

电子类商业空间展示设计的功能分区大致分为作业区域、展示区域、公共区域，各区域之间常有如表2-5-2所示的空间占比。

表2-5-2　电子类商业空间配置比例

| 区域 | 用途 | 店内比例 |
| --- | --- | --- |
| 作业区 | 仓库、柜台 | 20% |
| 展示区 | 展示、试用 | 60% |
| 公共区 | 通道、休息区 | 20% |

电子类产品商业展示种类较多，店铺布局体现着各商品的经营风格。但总体来说都以利于消费者选购、经营者管理为主旨。布局大致可分为以下几种（图2-5-9～图2-5-11）。

> 图 2-5-9　德国柏林 O2 生活概念馆

> 图 2-5-10　Doctor Manzana 品牌空间　　　　　> 图 2-5-11　捷鹰电器设备店

### 1）沿边式

沿边式又称沿墙式，大多数空间墙面多为直线，展具沿墙布置，这是较为普遍的布置方式。采用这种方式可以延长售货柜台的长度，陈列和储存更多的电器商品，节省店铺面积，节约人力资源，有利于对电子产品的安全管理。

### 2）环岛式

柜台以岛状分布，柜台围合而形成闭合空间，中间设置展柜。这种布局形式宜延长柜台周边，陈列的电器会更多，消费者的活动流线会更加灵活，便于选购。

### 3）陈列式

陈列式是指将卖场设置成敞开型空间，导购空间与体验空间没有明显的界定。通常利用展示道具、顾客走向、人流密集度来灵活布置空间，店内氛围较为活泼，适用于手机专卖店、电脑专卖店。这是一种较为先进的设计形式，正在被更多的经营者采用。

### 4）长条式

店面布局要考虑空间的实际情况，若店内空间为狭长型，考虑消费者走动的方便性，中央柜台常设置为主展台，放置卖场主打商品或季节性商品，将消费者的视觉中心吸引到店中央；店面空间若为宽敞型，以不影响顾客视线为标准，在卖场前部展柜上放置高科技电子品牌产品，吸引消费者。

### （2）展示方式

家用电器种类繁多，不同的家电产品具有不同的功能特性与要求，在组织店内空间与商品陈列时，应做到分类清晰，方便顾客进行选购。陈列架的高度与结构空间应有所区别，常采用地面陈列、高台架陈列、壁面陈列、吊挂式陈列等。据此，电子产品展示方式常分为对比法、对称法、调和法、店内平地陈列法、张挂陈列法、柜台陈列法、混合型组合法（图2-5-12）。

> 图2-5-12　海尔专柜电器展示

#### 1）对比法

将两种或多种色彩、大小、形状不同的电子商品，组合起来形成视觉上的差异，达到渲染商品烘托氛围的目的。这是最直接、简单易行的展示方法，将便携式的液晶电视与大屏幕彩色电视摆放在一起，电器之间相互衬托，从而给消费者留下深刻的视觉印象。

#### 2）对称法

常用的对称法有三角形法、梯形法、金字塔形法，井然有序的陈列方法能凸显电子产品的层次美，是电子产品陈列中最常用的方法之一。

#### 3）调和法

将电子产品进行合理组合，通过寻找电子产品的色彩、线条、图案以及合适的角度和相应的位置，配合灯光、背景渲染出明确的产品陈列。在电子商店中，若产品的大小不一，可以将小型的产品置于前面，大中型的产品放置在后面，通过近大远小的视觉差异进行商品陈列。

#### 4）店内平地陈列法

将商品放置于地面更适用于大型电子类产品展示，且应以分类陈列为主线。

#### 5）张挂陈列法

张挂陈列又称为壁挂陈列，即在道具或墙面上垂直悬挂产品。此方法适用于悬挂小型电子产品，如油烟机、空调等。

#### 6）柜台陈列法

主要展示闭架销售的基本设备，用于展出商品或隔开顾客活动区域和工作人员销售区域。在进行电视机展示时，若将其组合为电视墙，则可利用富有视觉冲击力的特大电视画面吸引顾客；音响设备的陈列需设计较为专业的背景环境，使顾客得到美好的听觉感受；而对于袖珍型精美电子产品，则应陈列在特制的玻璃展柜中，突出其精工品质。

① 小型电子产品一般摆放在柜台上进行销售，如手机专卖店，不同的店铺展柜设置有所差别（表2-5-3）。通常柜台的长度为1200～2000mm，高度为760～900mm。柜体一般为单层玻璃柜。电子产品多为贵重物品，为确保安全，柜台常选用胶合玻璃，柜台内部设有照明灯光，且多采用点光源，以突出产品的科技感。展柜正立面一般设计考究，后立面设有存放工作人员物品的橱柜。

② 手机类小型电子产品主要分为两种体验形式：一是垂直站立，将产品拿于手中进行体验，以展柜高度为900mm左右、离身体100mm左右最佳（图2-5-13）；二是用手肘支撑在展柜上，这一方式适合体验较大的电子产品，展柜高度在875～935mm范围内，消费者的感受最为舒适（图2-5-14）。

表2-5-3　不同的品牌店铺展柜、通道尺寸

| 电子品牌 | 展台尺寸（mm） | 通道尺寸（mm） |
| --- | --- | --- |
| 小米之家 | 2100×200×900 | 1200 |
| 华为旗舰店 | 1500×750×850 | 1200 |
| Apple Store | 2400×1200×900 | 1200 |

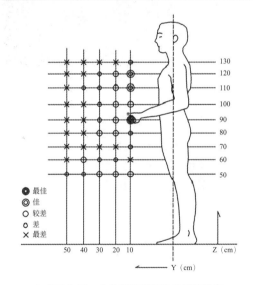

> 图2-5-13　人体站姿抓取物体的舒适度

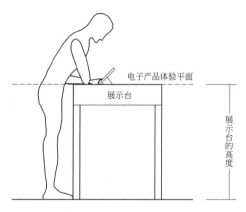

> 图2-5-14　人用手肘支撑时的动作

## （3）氛围营造

### 1）照明设备

电子产品属于较为贵重的物品，展柜玻璃需要设置为厚度大于10mm的超白钢化玻璃，最好贴上三毫米的防爆膜，以确保柜台的明亮度。适合的灯光设计可以展示电子产品颜色、质感的真实性，应避免选用过于明亮的照明灯具，以减少眩光。另外，还需考虑灯光的色温、

光亮程度、闪烁度、红外线和紫外线等因素。LED光源因为色温范围较大、发热少，几乎不含紫外线和红外线，是电子产品的最佳选择（图2-5-15）。

上海华为旗舰店

Apple旗舰店

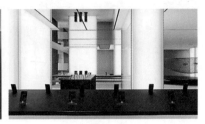
OPPO旗舰店

> 图2-5-15　不同商业空间照明设计

### 2）色彩设计

不同电子品牌有各自色彩设计要求，由图2-5-16可以看出其色彩差异，由此得出结论：冷灰色调更适用于电子产品的空间色彩设计，暖色调在家具、墙面装饰时可进行局部点缀，而深色调则适用于局部地面及墙面装饰（图2-5-17）。

小米之家

华为旗舰店

Apple旗舰店

> 图2-5-16　不同商业空间色彩设计

| 品牌名称 | 小米之家 | 华为旗舰店 | Apple旗舰店 |
|---|---|---|---|
| 主要色彩 | | | |
| 占比 | 冷色的灰色调60%，深色灰色调30%，木色10% | 冷色的灰色调40%，暖色灰色调40%，冷色20% | 冷色的灰色调60%，白色30%，木色10% |

> 图2-5-17　不同的品牌店铺色彩方案

# 2.6　其他类商业空间展示设计

除上述提及的商业空间外，现实生活中还存在宠物店、汽车专卖店、售楼中心等特殊商业展示空间，尽管消费人群比较特殊，但同样也与我们的生活密切相关。

## 2.6.1 设计因素

此类商业空间在设计上格外注重设计创意与品牌的结合，如售楼中心的设计要反映出楼盘的设计理念和消费定位。在空间布局上，商业空间的功能布局必须体现出经营战略。合理科学的空间布局能够实现经济利益最大化，好的空间规划能创造出良好的视觉氛围进而促进消费。在此以汽车专卖店为例进行分析。

### （1）设计定位

汽车专卖店是具有生产厂家的经营许可权，按照统一标准进行装配，满足车辆销售、零部件供应、售后服务、信息反馈等功能的单一化汽车品牌销售建构场所。

不同的汽车产品根据汽车的定价、风格等因素面向不同的受众人群，受不同的汽车品牌文化、消费市场影响，汽车专卖店的设计定位也会不同。汽车专卖店接待的人群较为固定，绝大多数消费者具有明确的购车需求和良好的经济条件。大众、斯柯达（Skoda）、宾利（Bentley）等汽车品牌的产品定位主要针对沉稳型人群，因此，其销售空间设计风格相对中庸，以满足大多数人的审美需求。追求另类的时尚人士更喜欢跑车等个性化车型，其销售空间设计则突出大胆、新潮的特点。例如德国studio 38 pure communication GmbH设计的MINI品牌伦敦专卖店，充满了时尚潮流气息（图2-6-1）。

> 图2-6-1 伦敦西田斯特拉特福德MINI品牌专卖店

### （2）功能划分

如表2-6-1所示，汽车专卖店通常按照销售等级划分为四类，不同规模标准的店面要求不同，相应的展示空间面积等也不同。汽车专卖店内的室内空间一般分为展示空间、服务空间、办公辅助空间等区域。其中展示空间在汽车专卖店中占据着核心位置，其功能划分主要围绕整体销售、零部配件、售后服务、信息反馈等方面展开。

表2-6-1　北京现代4s店建店规模面积标准

| 区分 | A级店（m²） | B级店（m²） | C级店（m²） | D级店（m²） |
|---|---|---|---|---|
| 场地面积 | 6000 | 5500 | 4050 | 不低于2300 |
| 展厅面积 | 525 | 450 | 375 | 不低于260 |
| 办公室面积 | 537（双层） | 454（双层） | 375（双层） | 不低于280 |
| 车间面积 | 1495 | 1281 | 1068 | 不低于720 |
| 配件库面积 | 126（占地面积，可安装2~3层货架） | 112（占地面积，可安装2~3层货架） | 91（占地面积，可安装2~3层货架） | 不低于66（占地面积，可安装2~3层货架） |

汽车店主要的功能空间可划分为以下几部分。

**1）展示区**

主要提供新车展示销售服务，设置有展示车位、接待区、洽谈区、零部件展示区等。通过汽车实物展示，充分营造出汽车品牌形象和设计理念（图2-6-2）。

> 图2-6-2　蔚来汽车用户体验店展示区

**2）维修区**

维修区域分为维修预检接待和客户休闲两大区域。接待区域占据汽车销售空间面积的5%~10%。维修预检区域对所需维修的车辆进行预检，通常情况下设置1~2个预检工位，一方面使预检车辆能便捷进入，另一方面在预检完成后可直接驾驶车辆进入车间内。维修预检接待区和车间通过调度室来进行联系。

**3）客户休息区**

客户休息区配套设有咖啡吧、商务区、影视屏幕、儿童玩具等，满足顾客休息等待时的需要。另外，要求具有无障碍观看车间维修状态的落地窗，以此作为车店设计的规范性要求。维修接待与客户休息区域常设有汽车资讯及相关汽车用品展示（图2-6-3）。

> 图2-6-3　蔚来汽车用户体验店客户休息区

#### 4）配件区

配件区存有一定量的汽车配件，以供车辆修理之用，并可对事故、损耗性零部件进行保存归档，提供给厂家进行检查。配件区设有配件管理办公室、车间领货窗口、维修接待处发货窗口等（图2-6-4）。

> 图2-6-4　C.R.Service汽车配件商店

#### 5）车间

车间是对车辆进行保养、维修、事故后修理、局部组装改进等处理的场所，常分为修车位、工具配备间、配品库、车间管理办公室等设备配套用房。车间内应具有良好的采光和通风，具有单独的车间出入口。表2-6-2为北京现代特约店根据销售和保养的车辆台数的不同进行的车间内部各空间工位设置。

表2-6-2　北京现代特约店车间工位设置及面积

| 年销售车辆台数 | 50 | 100 | 250 | 500 | |
|---|---|---|---|---|---|
| 维修保养辆台数 | 250 | 500 | 1250 | 2500 | |
| 工位数 | 104 | 156 | 260 | 468 | 标准工位：26m²=6.54×4（长×宽），包括作业空间 |
| 过道空间 | 48 | 72 | 120 | 216 | 6m宽×长度 |
| 洗车工位（面积） | 1/34m² | 1/34m² | 2/68m² | 3/102m² | 每工位34m² |
| 储藏间 | 10 | 10 | 15 | 20 | |
| 工具间 | 10 | 10 | 15 | 20 | |
| 保修配件库 | 5 | 5 | 10 | 15 | 可与工具室或配件部共用 |
| 空气压缩机房 | 5 | 5 | 10 | 15 | |
| 总成修理间 | 选项 | 选项 | 选项 | 50 | 可与工具室或配件部共用 |
| 车间区总面积 | 216 | 292 | 498 | 906 | |

#### 6）行政办公区

汽车专卖店的行政办公区常分为行政管理、财务保险办理、接待、会议、员工培训等功能区域。办公辅助空间是汽车专卖店运作管理的中枢，一方面与展示服务区进行联系，另一方面又要保持相对独立，设置独立性通道与维修服务区取得联系，各个功能区相互连接紧密，形成一个有机的整体（表2-6-3）。

表2-6-3　办公辅助空间各功能分区面积比较

| 房间 | 平均尺寸（m） | 面积（m²） | 房间 | 平均尺寸（m） | 面积（m²） |
|---|---|---|---|---|---|
| 营业员办公室 | 3.7×4.6 | 17 | 成交办公室 | 2.4×2.4 | 5.8 |
| 总经理 | 3.7×4.6 | 17 | 男、女厕所 | 2.4×2.4 | 5.8 |
| 销售经理 | 3×3.7 | 11 | 会议室 | 每人1.9m² | |
| 客户关系经理 | 3×3.7 | 11 | 总办公室 | （9.3m²+5.6m²）×职员人数 | |

#### 7）二手车交换区

二手车售卖常成为汽车专卖店的附加业务。在交易区进行验车收购，之后进行室外展示交易，或开辟新车展厅的部分区域进行共享共用。

## 2.6.2　设计内容

### （1）平面布局

合理的汽车专卖店平面布局能够使店内交通流线顺畅，提高工作效率，有利于提高汽车销量。店内交通流线一方面表现出各功能间的组织方式，另一方面展现出整体空间的主次关系和运行效率。常见的汽车专卖店内部空间交通流线组织模式如图2-6-5所示，通常情况下，交通流线划分为销售接待流线、维修接待流线、内部办公流线三大部分。其中客户活动的主要空间及交通流线是主要流线，一般设置在主要出入口，清晰明确，避免与内部空间形成交叉。维修接待办公区域设置在次要出入口，避免之间产生影响。

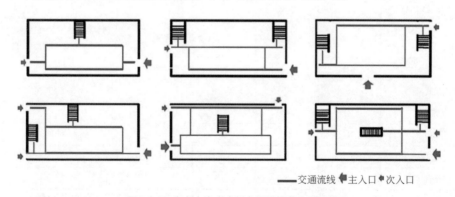

——交通流线　←主入口　↑次入口

> 图2-6-5　汽车专卖店内部空间常见的交通流线

### （2）展示方式

随着高新技术的发展，汽车的展示陈列方式也呈现多样化（图2-6-6）。运用动态化展架将商品进行规律性旋转运动，运用灯光照明变换手法让静态物体呈现动态化的表现效果，使汽车在运动中展示特点。

常见展示方式有以下几种。

① 旋转台：台座部分装有电动机，较大的旋转台用来放置汽车，优点在于消费者可以从不同角度对展示汽车进行观察；

② 电动类模型：将汽车做成电动模型，以小见大，运用电动类模型模拟营造出汽车运动的状态，提升消费者的观感；

③ 机器人服务员：机器人通过运动、讲话与消费者进行沟通交流，依据程序的设定为消费者做出简单的服务，使得展示富有趣味性；

④ 半景全景画：运用现代高科技技术，制造出空间感和事发状态，绘制出立体感较强的画面，或运用高科技大屏幕投影手段虚拟远景，再结合电动模型，让灯光和模型之间产生逼真的场景效果。

> 图2-6-6　大众汽车专卖店展示

## （3）氛围营造

### 1）照明设备

在汽车展台区域可局部降低吊顶高度，运用专业灯具进行重点照明，突出汽车展示主题。汽车展厅内部环境的基本照度大约为300lx，光源不应超过45°照射角度，色温控制在4000～6000K为宜。汽车展厅及汽车展品应尽量避免灯光直接照射，常运用间接光源，避免车体等材料产生眩光（图2-6-7、图2-6-8）。

> 图2-6-7　大众汽车展示区照明　　　　　> 图2-6-8　The Pit House汽车俱乐部

2）装饰材料

汽车专卖店设计中讲究高科技、精细化工艺，采用的材料通常情况下注重细节和模块处理。地面常选择耐磨材质，可具有中等程度的反射效果（图2-6-9）。

> 图2-6-9　天益国际汽车城

# 本章小结

本章重点从目标客户、商品结构等方面考虑，具体介绍了服饰类、书刊类、百货类等商业空间展示设计关于设计因素、设计内容等方面的内容。不同商业空间有着不同的设计需求，销售方式的不同也将会带来商业空间展示设计的不同。研究和分析不同业态发展趋势和需求，对商业空间展示设计具有指导意义。

# 实训与思考

1.调研学校或居住区周边商业空间，并进行分类。尝试进行某专卖店设计，注意门面招牌、平面布局、交通流线等的设计规范。

2.思考不同商业卖场的销售形式与交通流线的相互关系。

3.调研某食品店，从设计主题及设计内容等方面进行评判并尝试对其进行再设计。

商业空间
展示设计

# Chapter 3

# 第3章 商业空间展示设计要素

如今，越来越多的商业零售商放弃传统实体店，转向网上商店，然而，电子商务品牌却在自身发展中逐渐增加实体店销售比例。通过品牌自身打破传统营销策略，关注商业空间展示的灵活性和多元化成为当今商业空间设计发展趋势。商业空间展示设计涉及多个学科，集技术与艺术为一体，包含橱窗展示、店面陈列、人机工程学、灯光照明、色彩搭配、材料选择等多方面要素。各设计要素之间相互联系，相互作用，能够体现商品展示艺术、展陈环境效果，从而影响着社会经济、文化活动。

# 3.1　橱窗展示设计要素

商业空间展示设计中，橱窗是传达给消费者商品信息的第一媒介窗口。橱窗的功能作用主要是展示商品、促进销售。充分发挥橱窗展示功能，除对橱窗基本构造形式及分类进行深入研究外，还要学会运用形式美法则，将橱窗展示艺术化、趣味化，吸引更多消费者，获得良好的商业效益。

## 3.1.1　橱窗展示构造形式

从建筑结构的角度看，橱窗构造形式可划分为封闭式橱窗、半封闭式橱窗、开敞式橱窗、转角式橱窗、拱廊式橱窗和框格式橱窗。

### （1）封闭式橱窗

封闭式橱窗强调与店内购物空间的隔离，背景和两侧一般多使用不透明材质，临街一面常以透明玻璃饰面。橱窗内有独立的天花板、地面和背板，侧面为工作人员布置调整橱窗和更换展品的出入口。此类橱窗封闭感强，便于布置内部空间，有利于消费者在不受其他空间干扰的情况下接受橱窗内集中陈列商品所传递的有效信息（图3-1-1）。

> 图3-1-1　封闭式橱窗

### （2）半封闭式橱窗

橱窗的背景板与店内空间进行半通透形式分隔，根据室内空间陈设需要，采用半透明材质，镂空或只做局部背景墙遮挡。其空间分割的方式很多，或横向，或纵向，店面内外有阻隔，但又不完全阻挡，以求获得舒适的整体视觉效果（图3-1-2）。

> 图3-1-2　半封闭式橱窗

### （3）开敞式橱窗

　　开敞式橱窗没有背景的阻隔，四面呈全通透式，能将橱窗和店内空间有效地融为统一整体，消费者可以透过橱窗观察到店内的情况。这种形式的橱窗在展示面积较小的店面中较为常见。通透效果极佳的话，可将整个内部销售店面形成大型的动态橱窗展示。设计时要注意从外到内的视觉效果，橱窗商品的陈列，需充分考虑店内空间的设计风格和陈设样式，注重橱窗与店面内部色彩、结构及展品的统一（图3-1-3）。

> 图3-1-3　开敞式橱窗

### （4）转角式橱窗

　　这类橱窗在一些大型的商业街区较为常见，橱窗与店面入口往往形成一定的角度，覆盖店面的一个角落范围。布置此类橱窗要注意让系列商品与玻璃窗平行，巧妙地吸引消费者从橱窗的一端走向另一端，直至走向店面的入口（图3-1-4）。

> 图3-1-4　转角式橱窗

### （5）拱廊式橱窗

橱窗往往置于店面入口的前方，橱窗往前延展。在布置时要注意一部分商品既面向街道，又面向店门的侧边空间，便于消费者多角度了解商品（图3-1-5）。

### （6）框格式橱窗

利用小框格的微型橱窗来吸引消费者的注意。这类橱窗需注意展示高度与消费者的视平线尽量协调，以便消费者能仔细去观察商品。在一些小型商品售卖店铺中较为常见（图3-1-6）。

> 图3-1-5　拱廊式橱窗　　　　　　　　　> 图3-1-6　框格式橱窗

## 3.1.2　橱窗展示方式分类

橱窗的视觉化信息传达手段多种多样，有的用情景表现来增加临场感，有的用真人表演或互动示范来增加亲切感，使消费者能够迅速解读并接受其所传达的信息。因此，简洁、明了、准确的表达商品资讯是橱窗展示的目的，具体分类如下。

### （1）综合式橱窗展示

将店内经营的种类或型号不同的商品集中陈列。此类橱窗布置由于商品种类多，且具有一定的差异性，因此在设计时要以某种主题贯穿其中或者按不同组别进行分类陈列，对展陈的重点商品进行强调处理，使综合陈列取得丰富而有序的效果（图3-1-7）。

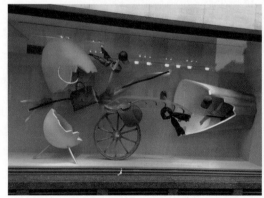 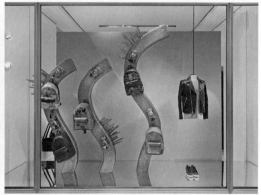

> 图3-1-7　综合式橱窗

## （2）特定式橱窗展示

特定式橱窗陈列是宣传新产品、优质产品和名牌产品行之有效的方法。一般在新产品上市之前，消费者对商品尚未彻底了解。通过特定式陈列，运用不同艺术形式和处理方法，重点渲染衬托、集中表现某品牌的某一种产品或某一型号产品，把商品的性能、特点、内在结构、使用方法等充分地展示出来，集中传达给顾客，能帮助客户更好地了解和认识商品的诸多特征（图3-1-8）。

> 图3-1-8　特定式橱窗

## （3）主题式橱窗展示

主题式橱窗就是为类别相同或不同的商品概括一个诉求，以某一主题为纲，贯穿商业橱窗展示的整体面貌并呈现给消费者，使消费者对商品拥有一个完整并全面的视觉印象。常见的商业橱窗展示主题有以下几种。

### 1）以季节为主题

根据季节变化把应季商品进行集中陈列，如冬末春初的羊毛衫、风衣展示，春末、夏初的夏装、凉鞋、草帽展示，这种手法满足了顾客应季购物的心理特点。一般多使用季节属性较为明显的道具来衬托气氛（图3-1-9）。

> 图3-1-9　以季节为主题橱窗

> 图3-1-10 折扣为主题橱窗展示

### 2）以节日为主题

根据节日氛围来营造橱窗展示效果，深入了解节日的内涵，并将所销售的商品与节日进行有效的融合设计。橱窗设计在相关的节日，常依据商品的特点，与地域不同的节日文化结合着进行展示。

### 3）以折扣为主题

促销活动是所有商品销售的终端环节。此类商品的橱窗展示，既不能丢掉该商品应有的品牌价值，又要向消费者有效传递促销信息，同时不失艺术氛围（图3-1-10）。

## （4）动态橱窗展示

新媒体技术的发展和普及，为越来越多的橱窗展示提供了更加新颖、更具冲击力的展示手段。另外，观众好奇心理以及审美品位的不断提升，对展示手法也有了更高的需求，使得橱窗的动态展示形式应用愈加广泛（图3-1-11）。

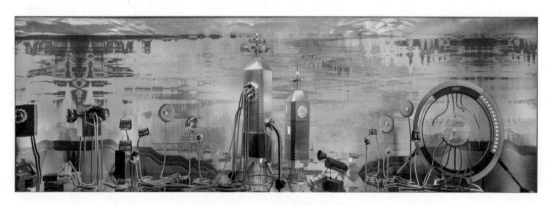

> 图3-1-11 红谷概念店橱窗设计

### 1）机械动态展示

运用旋转台、旋转升降机、电动模型等机械进行商品动态展示，多角度呈现商品细节，同时增加展示的生动性。动物或人物的电动机器模型可根据展示商品的需要调整运作形式，让消费者透过此类橱窗展示进一步了解商品细节，提高视觉体验感。

### 2）互动方式展示

互动式橱窗也称电子橱窗或魔幻橱窗。除运用我们所熟知的电动马达、激光投影和电动灯光外，传感器、射频半导体及其他模拟和混合信号集成电路等橱窗新技术运用也越来越多。如杭州来福士IMV智能品牌买手店，店内空间被划分为电子互动产品体验区和品牌陈列区，其中互动产品体验区兼具互动产品展示和演示功能，营造出产品使用场景（图3-1-12）。

> 图3-1-12　杭州来福士IMV智能品牌买手店

　　商业橱窗展示需根据具体产品特性进行橱窗展示形式的选择，无论采用何种方式，都是为了引起消费者注意，进而达到传播主题、宣传理念、共享信息、刺激消费等目的。

## 3.1.3　橱窗展示形式法则

### （1）对称与均衡

　　对称指点、线、面在上下或左右有一部分相对应而形成的图形，具有一定的规律性，可以是奇数或偶数的关系；均衡指点、线、面在上下或左右有不完全对应而形成的图形，虽形象不完全相同，但在质和量上有近似感，消费者能产生心理相同的感受。

　　商业橱窗展示中对称手法的布置运用往往给人以有秩序、庄重、稳定的感觉，常运用均衡的手法将质与量在视觉上保持平衡，力求局部变化，重心不变。陈列物品常离重心较远，打破完全对称的均衡运用，给人一种不规则感和灵活性（图3-1-13）。

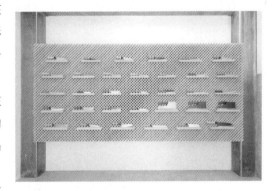

> 图3-1-13　日本某刀具专卖店

### （2）重复与渐变

　　重复是相同商品或相同颜色、形象、位置的商品进行反复连续排列而形成的有秩序的统一性特征；而渐变可以呈递增的状态，也可以呈递减的状态。

　　在商业空间橱窗展示中，不断对某种商品重复排列展示，会引起消费者注意，但过分统一布置会给消费者带来枯燥乏味感。可运用渐变的形式法则，将商品形体大小、颜色冷暖、数量多寡进行渐变处理，以呈现柔和的视觉特征，增加橱窗展示的趣味性（图3-1-14）。

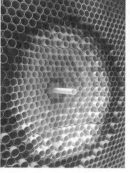

> 图3-1-14 波兰TCHIBO零售店橱窗设计

### （3）节奏与韵律

节奏手法运用在橱窗展示中，可将商品反复错综布置，产生高低或大小变化等。韵律的本质是以节奏为基础的重复，但又将不同的节奏进行有秩序的变化。韵律感的营造需要对秩序进行良好的把握，否则空间将凌乱不堪。

运用在商业橱窗展示中表现为将有规律变化的不同体量、不同材质的商品，或将不同明度、纯度或色相的商品进行秩序对比，给消费者带来重复连续、秩序灵活的心理感受。韵律的形式有很多，如连续的韵律、渐变的韵律、起伏的韵律、交错的韵律，等等（图3-1-15）。

### （4）调和与对比

橱窗展示中的调和可以是展示橱窗主调的协调，也可以是展示商品形象特征的调和，或是展示商品色彩纯度、色相、明度的调和；而对比是将展示要素的不同点进行放大比较，给观者视觉上带来极强的冲击感。

合理运用对比手法，可打破调和带来的呆滞感，使空间更加生动灵活。在橱窗展示中可将展示商品的材质、色彩、空间体量进行对比，也可将商品陈列进行虚实、疏密、方向的对比等（图3-1-16）。

> 图3-1-15 橱窗中节奏与韵律的运用　　> 图3-1-16 橱窗中对比与调和的运用

### （5）比例与尺度

比例一般指数量上的对比关系，主要处理部分与部分或部分与整体的关系问题。在橱窗展示设计中，比例问题涉及各个方面，如陈列商品的长度、体积、面积等属性以及位置、造型、结构和色彩，等等。常用的比例处理手法是利用黄金分割、等比数列、等差数列等，现代商业空间展示中往往追求特异，大胆创新，将陈列商品进行对角线分割，且对角之间互相平行或互成直角，陈列布置的形状之间也具有数的比率关系。

尺度一般指尺寸与度量的关系，一个物体只有在有了尺寸以后，其尺度感才会被感知。商业空间橱窗展示中，往往以人体的尺度为基准，结合人体尺度进行设计。

综上所述，在商业空间橱窗展示的形式法则运用中，选择单一设计手法往往会使空间过于单调。因此，在具体设计中，通常会将多种形式法则进行综合运用，灵活协调各设计要素关系，达到既满足功能要求，又符合美学法则的设计效果。

## 3.1.4  橱窗展示设计原则

当代商业空间橱窗展示作为最具实效的商品展示，能够为商品销售和商家形象带来巨大价值。其借助消费者的色彩识别、喜好规律，营造出提醒式购物模式，唤起消费者的购物欲望，在设计中应注意以下原则。

### （1）内容性

橱窗展示设计的内容应具有主题，不同主题形式决定了设计的表现技法。在橱窗内容设计中，应以准确的设计定位、典型的艺术设计形式实现人们视觉与心理上对美的诉求（图3-1-17、图3-1-18）。

> 图3-1-17  爱马仕橱窗设计　　　　　　> 图3-1-18  Jo Malone橱窗设计

### （2）艺术性

随着消费者审美趣味的提高，橱窗展示设计不仅要在内容性上下功夫，更要注重橱窗展示的艺术美感。可利用橱窗的不同展示方式，将展示道具、灯光、色彩等艺术处理方式融入设计主题，渲染橱窗展示的艺术效果（图3-1-19）。

### （3）文化性

当代商业空间的橱窗展示需要凸显商品的文化特质。优秀的橱窗展示，除遵循求同存异的原则外，还要尽可能深入理解商品的文化寓意，在设计中突出其文化属性（图3-1-20）。

> 图3-1-19　某书店橱窗设计

> 图3-1-20　秦淮河畔的古装店

# 3.2　店面中的陈列设计要素

商业空间中的店面内部陈列设计是将真实的商品经过艺术化处理后直接展示在消费者面前。烘托卖场气氛的同时，进一步满足消费者的购物体验，促进商品销售。

## 3.2.1　店面陈列空间规划

店面陈列空间的规划主要包括空间布局、界面处理、动线设计三个方面的内容。

### （1）空间布局方式

商业店面陈列布局需将技巧、艺术、科学融为一体，同时与空间各因素有机结合，是一种体现购物逻辑的整体布局方式。以下为几种常见商业店面陈列布局方式。

#### 1）嵌入式

指非公共开放区与公共开放区融嵌在一起。在场地有限的情况下，嵌入式是最常见的功能分区布局形式。我们可以将各类展示空间中的功能区大致分为公共开放区（展示区、服务区）和非公共开放区（办公区、设备区）。当商业店面内部两种分区联系紧密或者对非公共开放区的面积需求不大时，可以采用此种布局形式，但要尽量保证非公众开放区的私密性。

**2）独立式**

一般通过坡道或连廊对两种类型功能区进行连接，每种类型的功能区都是独立的封闭个体，各自为政。这种布局形式方便管理和独立使用，但其对面积的需求比较大，不适合面积小的商业空间陈列布局。

**3）并联式**

各功能分区在平面布局上划分明确，一般从纵向空间分隔功能区，因此多层商业空间的展示可以采用此种布局方式进行空间分割。相比独立式布局，并联式布局占地面积更小，但同样既维护私密性又便于管理。

## （2）空间界面处理

空间是由界面来划分和限定的，如地面、顶面、立面等，当代有些非线性空间设计者常常突破了既有的墙、地、顶的概念，使得三者的界限发生变化，界面划分逐渐模糊（图3-2-1～图3-2-3）。商业空间展示中各商店及卖场界面的大小和形状直接影响空间的体量，界面自身的效果和各界面之间的关系对商业空间展示总体氛围的影响也很大。

> 图3-2-1　K11时尚精品店　　　> 图3-2-2　某鞋店设计　　　> 图3-2-3　卡塔尔国家博物馆商店

**1）顶面设计**

顶面是建筑内部空间的上层界面，但并非是一个平面的概念。顶面设计的目的是创造不同的上层空间，而不仅仅是对上部界面进行装饰。顶面也是商业空间展示照明的主要载体。较大高度的顶面会令人产生空旷感，较低的顶面则使人产生压抑感，依据不同的区位设定不同的高度或者不同材质的顶面，会产生不同的空间效果（图3-2-4、图3-2-5）。

**2）地面设计**

地面设计具有交通承载、暗示空间区域、指示线路的诸多功能。围绕着这些功能要素进行地面设计时，需考虑营造整体空间感受。地面是一种空间概念，适当的变化将给整个空间增添生动性和趣味性（图3-2-6）。

> 图 3-2-4　科威特巧克力店顶面的分隔造型

> 图 3-2-5　原麦山丘北京华贸店顶面布满擀面杖

> 图 3-2-6　上海 Spacemen 商店地面设计

### 3）立面设计

立面又称垂直界面，在店面展陈空间中主要由墙、隔断以及各种货架的垂直面构成。随着新材料、新技术和设计理念的发展演变，立面能够呈现丰富的空间变化，常常被用来分隔空间、围合虚拟空间等。另外，商店卖场的设计中，展示商品的货架就是最好的隔断，展柜的高低错落、多变组合会在空间层次上为顾客带来丰富的视觉体验（图 3-2-7、图 3-2-8）。

> 图 3-2-7　某鞋靴专卖店

> 图 3-2-8　Amit Aggarwal 旗舰店造型墙

### （3）空间动线设计

商业空间展示设计与消费者的行为有着密切的联系。在展品、展台和展架等位置限定下，要使消费者能够最有效地观览、选购商品，需要合理规划交通动线，以满足消费者舒适的购物体验。通过第二章所述的不同空间展示动线分析，可总结出常见的商业空间展示动线主要有以下几种形式。

#### 1）直线型

即从一端（入口）到另一端（出口）的穿越式线路（入口和出口在不同的两侧）。这种线路较适合狭长的商业展陈空间，是比较简单的流线型路线（图3-2-9）。

#### 2）环形型

将店面进行三面围合，入口和出口设在同一侧。消费者进入店面，购物后经由同侧的出口离开，这是最常见的店面动线布置方式（图3-2-10）。

#### 3）串联型

各展示空间或展示要素互相串联设计，同时保证消费者购物路线连贯。但因方向单一，灵活性差，易造成交通堵塞，比较适合中小型店面的动线设计（图3-2-11）。

#### 4）放射型

店面中心位置放置一个或一组展示商品，各空间布置环绕中心商品，消费者可经过中心区放射枢纽到其他部分观览选购。此类路线比较灵活，适于大中型商场或专卖店（图3-2-12）。

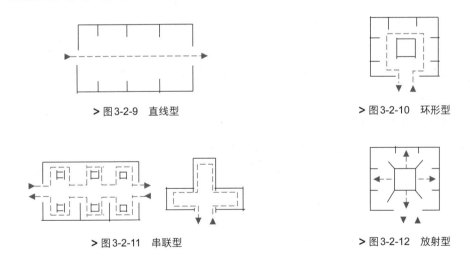

> 图3-2-9　直线型　　　　　　　　　　　　　> 图3-2-10　环形型

> 图3-2-11　串联型　　　　　　　　　　　　　> 图3-2-12　放射型

#### 5）自由型

在较大的商业店面中，可提供给供消费者参考的参观线路，但具体路线还是由消费者根据需求自行而定，如大型购物商场。

具体空间交通流线的设计还要根据不同商业空间类型展开。交通流线的确定与展陈思路有密切逻辑关系，空间层次分明、节奏韵律协调，注重消费者的购物体验，实现商品价值最大化。另外，交通流线设计还要考虑突发事件时，如何在最短的时间内疏散人流，保证安全。

## 3.2.2　店面陈列形式

一般依据店面陈列空间的规划来进行店面陈列形式的划分，同时要结合商品的特性进行具体分类。本小节具体从陈列方式分类以及陈列形式构成两个方面来探讨商业店面具体的陈列形式。

### （1）陈列方式分类

选择商业店面陈列方式时，应对所陈列商品的特性进行充分了解，根据商品的特性择优选取陈列方式。常见的店面商品陈列方式如下。

**1）依商品的不同种类进行陈列**

将同一品牌商品中不同的产品进行分类陈列展示，比如，数码电子类商品，华为专卖店可分为平板电脑陈列区、笔记本电脑陈列区、手机陈列区、数码配件展示区，等等。

**2）依商品的不同原料进行陈列**

服装店衣服放在一起展示会给消费者带来杂乱无章的视觉感受，可根据制衣材料的不同进行分类，如毛衣类、皮衣类、真丝类等，然后再进行下一步具体细分。

**3）依商品的用途进行陈列**

如苏宁易购广场，按照日常生活所使用商品的用途进行分类，可分为吸尘器专区、吹风机专区、电热水壶专区，等等。此种分类方法便于消费目的比较明确的顾客选购。

**4）依商品的不同服务对象进行陈列**

在大型的购物广场最为常见，一般大型购物广场依据商品的服务对象按层分类。一般一层为彩妆、珠宝，二层为女装，三层为男装，四层为童装，顶层为休闲区或餐饮区等。通常根据面积的大小会稍有调整，但依旧会根据服务对象的不同进行整体分类。

**5）依商品的系列化特征进行陈列**

根据商品的系列化属性进行搭配陈列，比如蜡烛可根据属性的不同分别与织物、陶器等商品搭配展示，并提供色彩、尺寸、造型、价位上的各种选择，方便消费者充分了解蜡烛的特性分类并做出选择。这种陈列方式在服装、家具类等商品中较为常见。

**6）依商品的价格分类陈列**

在换季促销商品中最为常见，比如鞋帽、服装、箱包类商品，随着季节变更会对过季商品进行集中陈列，便于消费者选购。

**7）依商品的不同色彩进行陈列**

根据色彩上同色系的渐变排列展示，也可根据色彩的强烈对比色来进行排列。利用同色系或对比色的不同色彩感受，吸引消费者的注意力。

### （2）陈列形式构成

店面的陈列构成，要结合陈列商品的特点，以及陈列空间的尺度来进行设计。常见的构成形式主要有线性构成、圆形构成、三角构成、散点构成、网格构成等形式。

**1）线性构成**

对陈列商品以悬挂、台面展示等方式进行水平、垂直、斜线上升、十字交叉、曲线、放射等形式的组合排列。水平、垂直、十字交叉排列具有肯定、直率的形式美感，曲线构成具有流畅富有变化的形式美感，而放射排列更能突出主题展品，富有节奏美感（图3-2-13、图3-2-14）。

> 图3-2-13 曲线构成陈列形式

> 图3-2-14 直线构成陈列形式

**2）圆形构成**

在水平面或垂直面上选取中心展品，并以此为中心环绕排列，构成圆形或半圆形陈列效果。这种构成形式方便消费者对比商品，富有节奏变化，有利于烘托店内氛围。一般店面面积相对较小时应慎用，否则会造成空间拥堵感（图3-2-15）。

**3）三角构成**

将陈列商品以直角、等腰或倒三角形等构图形式呈现给消费者，这种构成形式具有一定的稳定性，可给消费者带来比较庄重的形式美感（图3-2-16）。

> 图3-2-15 圆形构成陈列形式

> 图3-2-16 三角构成陈列形式

**4）散点构成**

散点式构成往往将商品随机陈列，采用轻松自由的散点排列形式。在商业店面中不宜大面积使用，否则会使消费者产生混乱感。运用此形式进行小面积的辅助展示时，可以融入重复、渐变、对比等形式美法则，给消费者带来轻松活跃的心理感受（图3-2-17）。

**5）网格构成**

在大型超市和书店陈列时应用较广，多利用展具将陈列商品进行网状构图，且按一定的比例关系进行有序排列。这种陈列形式秩序感较强，能给消费者带来很强的秩序感。若使用不当将导致空间过于呆板，常依靠色彩对比打破过于规整的感觉（图3-2-18）。

> 图 3-2-17　散点构成陈列形式　　> 图 3-2-18　网格构成陈列形式

## 3.2.3　店面陈列原则

店面陈列设计除了根据店铺的面积大小、空间形态、所销售商品特性以及消费者需求等因素选择具体的布置方式外，还要遵循以下原则。

### （1）与整体环境相适应

店面陈列设计的风格，应根据店面的经营性质、理念与商店整体的风格相一致。总体布局设计，以及照明、材质和色彩的运用应形成统一的视觉传递系统，营造出舒适、愉悦的购物环境。如图3-2-19 Zak lk时尚精品店，方案核心理念为崇尚自然，建筑采用木结构建造，通过对材料温度与纹理的选择，以及对尺度、细节、表皮和内部空间结构的推敲，商店橱窗边框运用混凝土材料顺应地面高差变化形成随意形态，和室内形成呼应，具有展示、座椅双重功能，有利于实现陈列空间与整体环境的和谐统一。

### （2）注重表现诉求主题

针对主题性陈列设计应突出体现其主题性特征，Christian Dada品牌服装新加坡旗舰店，以"废墟"为主题进行陈列设计，墙壁从地板和天花板中随意伸出未经处理的黑色钢管，赤裸裸地暴露在外。反光的砂浆地面层和软膜天花模拟出"废墟"中积水地面和残破屋顶。室内隔墙划分出的空间暧昧而多元，似乎暗示消费者将会在空间里获得更多体验感。隔墙创造出的区域分别陈列着不同系列的商品，按照设计主题展示着不同商品陈列的故事（图3-2-20）。

> 图3-2-19 Zak Ik 时尚精品店

> 图3-2-20 Christian Dada 品牌新加坡旗舰店

### （3）加强陈列艺术追求

商品的陈列展示在追求产品本身美感的同时，也在展示其艺术行为。店面陈列以消费者的审美感受作为设计基准，把店面当做艺术展厅进行设计。商品运用形式美法则等艺术手法来展陈，利用展具和空间渲染加强店面的艺术感染力，加深消费者印象，从而实现商品价值。如图3-2-21所示，北京751D·Park时尚买手店，为了呼应工业产品的厚重气场，室内陈列环境加入了红砖、木质、水泥等贴近生活素材的装置，将商品进行艺术化陈列展示。在协调空间中人、物、活动、噪声、色彩和图案等之间关系的过程中，阐述了设计师及制造者所赋予的空间美学价值。

> 图3-2-21　北京751D·Park时尚买手店

### （4）陈列展示的时效性

店面陈列展示的商品一般属于品牌的主营商品或新产品，注重迎合时代最新潮流，体现时尚感。因此，店面陈列要及时更新过季商品，陈旧的商品可在打折专区进行销售，但要注意与新产品形成有效分离。

### （5）陈列展示的安全性

陈列展示的设施、设备要安全牢固，符合人体工程学原理，方便消费者使用。同时，安全通道及出入口通畅，消防设备规范，注意在高差变化时张贴警示等。

## 3.2.4　店面陈列艺术处理

在商业空间的店面陈列艺术中，常常要运用一些艺术处理手法来强化空间的艺术特性，使之能充分表现出展品的特性，给人最佳的视觉和心理的感染力。

### （1）错视空间手法

面积、尺寸、角度、明度、方向等都可能造成店面陈列设计视差。可以充分利用错视图形，辅以造型、色彩、装饰、灯光等技术手段，形成旋转、闪烁等动感场景来引起消费者注意，进而渲染店面使之产生神秘和趣味的艺术效果。另外，还可以利用违背视觉习惯创造反常规的错视效果，借用镜子等材料的反射营造出虚拟空间，转换维度塑造矛盾空间等（图3-2-22）。

> 图3-2-22　错视空间陈列展示

### （2）变幻空间手法

这是一种违反自然或现实常态的空间处理手法。店面陈列设计中追求神秘幽深、光怪陆离、变幻莫测、超现实等戏剧般的空间效果。如图3-2-23奇客巴士支付宝旗舰店，将一个空间用对角线分割为两个形态、色彩各不同的空间，引导消费者冲破传统的陈列思维，在体验中产生深刻印象。

> 图3-2-23　奇客巴士支付宝旗舰店

### （3）留白意境手法

"留白"处理手法一般在中国传统水墨画和园林建筑中比较常见，以"虚实相间""以少胜多"的绘画和设计理念来追求素雅、含蓄的境界。当代商业陈列设计的"留白"手法体现在各要素的对比关系上，在面积、主体或背景、材质肌理、色彩光影等方面进行概括化处理，通过装饰的简单化、展具少而精地布置，恰当地把握空白的艺术效果，整体展现"简约而不简单"的陈列空间。如图3-2-24所示，大面积留白的处理手法，给人一种含蓄大方、格调高雅的深层意境。

> 图3-2-24　某服装专卖店设计

# 3.3 展示中的人体工程学

在商业空间展示设计中，人体工程学主要围绕消费者在行走、观看时人体与空间展陈尺度等问题展开。人体工程学作为商业空间展陈的重要设计依据之一，应遵循"以人为本"的原则，为消费者提供舒适、安全的购物环境。

## 3.3.1 人体尺度问题

商业空间展示对空间布局、造型、路线规划以及展品摆放位置等设计要充分结合人体基本尺度进行。人体工程学最基本的人体尺度研究分为静态和动态两种，为展示空间设计营造出更加合理的购物空间尺度提供了基本数据支持。

### （1）人体静态尺寸

人体静态尺寸即人体构造尺寸，指人处于静止状态时，其头部、躯干和四肢各部分的尺寸，主要关注人体静态动作时的立姿、坐姿、蹲姿和卧姿的测量数据。商业空间展示设计中需要着重掌握的人体静止姿态数据主要是立姿、坐姿尺寸。

根据1989年7月我国开始实施的《中国成年人人体尺寸标准》（GB/T 10000—1988），得出表3-3-1、表3-3-2。

表3-3-1　我国成年人人体主要尺寸标准　　　　　　　单位：mm

| 测量项目<br>百分位数<br>年龄分组 | 男（18～60岁） | | | 女（18～55岁） | | |
|---|---|---|---|---|---|---|
| | 5 | 50 | 95 | 5 | 50 | 95 |
| 身高 | 1583 | 1678 | 1775 | 1484 | 1570 | 1665 |
| 体重 | 48 | 59 | 75 | 42 | 52 | 66 |
| 上臂长 | 289 | 313 | 338 | 262 | 284 | 308 |
| 前臂长 | 216 | 237 | 258 | 193 | 213 | 234 |
| 大腿长 | 428 | 465 | 505 | 402 | 438 | 476 |
| 小腿长 | 338 | 369 | 403 | 313 | 344 | 376 |

表3-3-2　我国成年人立姿人体尺寸标准　　　　　　　单位：mm

| 测量项目<br>百分位数<br>年龄分组 | 男（18～60岁） | | | 女（18～55岁） | | |
|---|---|---|---|---|---|---|
| | 5 | 50 | 95 | 5 | 50 | 95 |
| 眼高 | 1474 | 1568 | 1664 | 1371 | 1454 | 1541 |
| 肩高 | 1281 | 1367 | 1455 | 1195 | 1271 | 1350 |
| 肘高 | 954 | 1024 | 1096 | 899 | 960 | 1023 |
| 手功能高 | 680 | 741 | 801 | 650 | 704 | 757 |
| 胫骨点高 | 409 | 444 | 481 | 377 | 410 | 444 |

## （2）人体动态尺寸

人体动态尺寸即人体功能尺寸，指消费者在购物环境中活动时，其身体各部分尺寸及其所占空间的尺度。研究动态尺寸，主要是为了满足消费者在购物环境中活动时生理与心理的舒适度，减轻观者视觉、心理上的疲劳程度，以最合理的方式满足消费者与消费者、消费者与展品、消费者与展陈空间的交流，以便更有效地传达展陈信息。

对于商业空间展示来说，人体动态尺寸主要是掌握消费者在直立、蹲下、弯腰俯身以及上肢伸展等身体的动态数值。表3-3-3给出了我国成年人人体动态的尺寸标准。

表3-3-3　我国成年人人体动态尺寸标准　　　　　　　　　　单位：mm

| 测量项目<br>百分位数<br>年龄分组 | 男（18～60岁） | | | 女（18～55岁） | | |
|---|---|---|---|---|---|---|
| | 5 | 50 | 95 | 5 | 50 | 95 |
| 立姿双手上举高 | 1971 | 2108 | 2245 | 1845 | 1968 | 2089 |
| 立姿双手功能上举高 | 1869 | 2003 | 2138 | 1741 | 1860 | 1976 |
| 立姿双手左右平举高 | 1579 | 1691 | 1802 | 1457 | 1559 | 1659 |
| 立姿双臂功能平展宽 | 1374 | 1483 | 1593 | 1248 | 1344 | 1438 |
| 立姿双肘平展宽 | 816 | 875 | 936 | 756 | 811 | 869 |
| 坐姿前臂手前伸长 | 416 | 447 | 478 | 383 | 413 | 442 |
| 坐姿前臂手功能前伸长 | 310 | 343 | 376 | 277 | 306 | 333 |
| 坐姿上肢前伸长 | 777 | 834 | 892 | 721 | 764 | 818 |
| 坐姿上肢功能前伸长 | 673 | 730 | 789 | 607 | 657 | 707 |
| 坐姿双手上举高 | 1249 | 1339 | 1426 | 1173 | 1251 | 1328 |

## 3.3.2　空间尺度设计

空间的容纳是有限度的，如果这个"度"把握不好，必定会造成空间的"拥挤感"或是"空旷感"。商业展示空间设计关于尺度的问题，主要包括展示的各功能区域、通道、入口和其他活动场所等的尺度。要重点处理好空间尺度、展区尺度与消费者之间的关系，综合处理通道尺度、展区高度和密度，平衡各要素之间的关系，尽可能保证绝大多数消费者舒适、安全地使用。

由于不同地区的人体尺度稍有差别，因此，我们在设计时需要进行综合分析。比如在通道设计时，要选用身高较高的尺度来进行限制。

### （1）展示通道尺度

商业展示空间的通道宽度与店面展陈的规模、人流量的多少、展陈商品的大小和分布有很大关系。主要通道重点考虑人流交通量最大时的需求，其宽度应在3000～5000mm，次要通道宽度应至少保证在2000～3000mm。如达不到这个尺度，可能会造成拥堵（图3-3-1）。

对于残疾人通道来说，通道宽度一般分为两种，一种是单向轮椅通道，其宽度应不小于1300mm；另一种是双向轮椅通道，其宽度应不小于2000mm（图3-3-2）。通道水平长度与高度的比例不小于6：1。比如，水平长度为12000mm的通道，那么高度应为2000mm，且坡道每相隔9000mm要设置一个休息平台，平台宽度不小于2500mm。

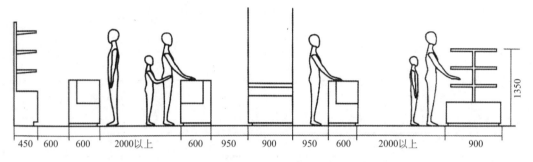

> 图3-3-1　根据我国人体尺度计算商业空间通道宽度

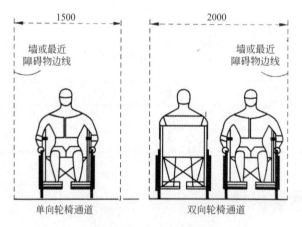

> 图3-3-2　残疾人通道宽度

## （2）展示密度

展示密度指展示商品所占展示空间的百分比。恰当的展示密度设计可提高展示效率，使消费者浏览时接受更多展示信息，也使消费者拥有比较舒适的观赏环境。较大展示密度会使消费者感到店面展示商品空旷、贫乏，而过小展示密度又会使空间拥挤，消费者感到气氛紧张、视觉疲劳，反而达不到良好的销售效果。一般展示密度应控制在30%～60%较为合适。

展示密度不仅受店面高度和跨度影响，而且也受展示商品的尺度、展示规模、高度，以及消费者视距、客流量等因素影响。当店面展示空间较大时，可将展示密度趋小处理，空间不会显得拥堵。当展示空间参观消费者人数较多时，展示密度应趋大处理。同样，当店面展示商品尺度较大时，密度就不宜太小，否则会使消费者紧张不安。

### （3）展示高度

展示高度指展陈商品与消费者视线相对应的尺度。受人体有效视角制约，一般展示高度距地面800～1900mm为最佳区域。不同高度区域，消费者视觉关注程度会有所区别。距地面1150～1850mm区域的展示商品容易被最先关注，且观看得最清楚，可适当陈列店内新产品或重点推广产品。距地600mm以下可展示其他次要商品，或用作储藏空间。距地1900mm以上可用于广告招贴或标识引导（图3-3-3）。当展示商品较小时，展柜桌面离地约1000mm，总高不超过1500mm。如果商品较高，展柜高度宜适量降低。相反，商品较矮时，展柜高度可适量调高。

某电子零售商店　　　　　　　　　　小米之家

> 图3-3-3　商品展示高度

## 3.3.3　视听要素设计

视觉和听觉是人类最重要的感知觉。视觉是人类对外界的主要感知方式，75%～87%的信息通过视觉获得，90%的行为是由视觉引起的。商业展示设计过程中应掌握视听设计要素，提高消费空间的五感体验。

### （1）展示与视觉关系

商业展示活动实质上也是一种以视觉为中心的文化传播活动。在排除经营者的管理及产品质量、销售策略等因素外，商品销售结果如何，实际是展示空间设计效果的最好阐释。展示空间的布局、交通流线、照明色彩等展示效果是否满足消费者需求，商品的展示信息是否能够引起消费者关注等皆与视觉设计要素有密切关系。

#### 1）消费者的视觉特征

研究中发现，在消费者多种视觉特征中，视野对商业展示设计影响最大。视野分为水平方向观看尺度和垂直方向观看尺度。商业展示设计中，视野在水平方向的观看尺度在中心视角10°以内是最佳视区，眼睛在此区域的视力最好；中心视角20°以内是瞬息视区，眼睛可在极短的时间内识别商品的形象；中心视角30°以内为有效视区，需集中精力才能识别商品具体形象；中心视角120°以内为最大视区，在此区域边缘的商品，需投入很大的注意力才能被清晰识别。如果人将头部转动，最大视区可扩大到220°左右。

从垂直方向来看，视平线以下约10°为眼睛最佳视区；视平线以上15°和视平线以下25°范围为良好视区，可轻松获得商品信息；视平线以上30°和视平线以下35°为最大视区，获得这个区域的商品信息要靠头部仰视来实现，且双眼视野要大于单眼视野（图3-3-4）。

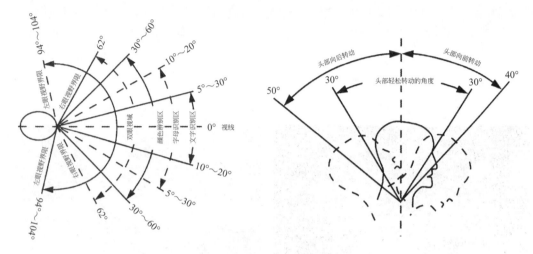

> 图3-3-4　眼睛水平和垂直视野

除此之外，视角、视距、视觉适应、视错觉、眩光都会影响商业空间的展示效果。在商业展示空间设计中，眩光可破坏展品的形象，减弱消费者的视力，降低视觉的分辨力，严重者会产生厌恶的心理，甚至导致失明。因此，为防止眩光，可选用保护角度大于15°的灯具进行照明，也可在照明设计时增加视线与光源的角度，或提高光源周围的照度等方法来防止眩光的产生。

**2）视觉运动规律**

① 方向性。人的眼睛有从左至右、从上到下的视觉运动习惯，且眼睛在水平运动时要比垂直运动快，对水平方向尺寸的判断比垂直方向要准确。商业展陈设计可将重要展示的商品设置在展示界面的上半部分，次要商品放置在展示界面的下半部分。

② 注意性。当某信息给予观察者较强的刺激时，这部分内容易被视觉优先感知，被人有意识地注意。在商业展示设计时，可利用这一特点，将展示空间某处含重要展示信息的商品进行色彩、照明、材质等的特异处理，从而引起消费者关注。

③ 反复性。视线运动可来回反复多次进行，视线对某一物象反复进行观察时，停留时间越长获得的信息量就越多。利用此规律，可对重要商品信息进行特殊处理，吸引消费者视线停留。

④ 顺序性。视觉常常顺着物体之间的间隔距离递减的方向移动。人的视线也会向刺激力强度大的符号方向移动，比如，具有方向性的箭头。此规律可运用于视觉导向设计中。

综上所述，商业空间展示设计可利用视觉运动规律提高消费信息传递的效率。合理的视觉设计往往建立在对具体场地的视点、视距等分析的基础上。

### 3）视觉导向设计

商业展示中视觉导向系统包括展示空间中的标志及相关环境设施的功能性指示符号等，是消费者迅速获取信息、查询资讯、进行安全疏导的重要媒介。在繁杂的商业展示环境中，人们特别是陌生的消费者，常感到目不暇接，难以获取必要信息。视觉导向设计不仅具有指示和引导功能，同时也是消费者获取企业视觉形象的最好途径。视觉导向设计还具有装饰细化商业展示空间的作用，能够充分体现人性化设计；另外，还能够提高购物者在商业空间的活动效率，使其获取更多商家资讯（图3-3-5）。

> 图3-3-5　利用标识的指示作用，指引顾客顺利找到所需商品

视觉导向设计从室外到室内主要包括如下内容（图3-3-6、图3-3-7）：

① 室外标识导向。方向明确，可将消费者引入室内；简洁、大气、醒目，让观者能够瞬间获得导向内容；注意传递信息的连续性。地面上的方向引导、地下空间的指向，以及周边环境的指示都是不可缺少的导向标识。

② 室内入口索引。提供整体空间的有效信息，便于消费者快速识别。

③ 每层空间导视。大型商场常以平面图形式展现，小型专卖店常用图标展现。

④ 各分区介绍。各个单体空间的名称标识或展示内容介绍。

⑤ 商品信息介绍。包括商品名、生产商、功能功效、价格，等等。

> 图3-3-6　视觉导向标识能够给顾客传递信息

> 图3-3-7  地下空间指引标识

## （2）展示与听觉关系

现代商业空间展示设计中声、光、电的运用已成为必不可少的部分，获取听觉信息可不受空间限制。商业空间中播放轻柔音乐以及商品信息，能够提升商业展示环境中的氛围感。另外，在商业展示设计时，应了解基本声效知识，尽量避免噪声形成。

### 1）听觉特征

人机工程学研究表明，人在正常情况下可听到频率在20～2000赫兹范围内的声音。年龄的差异所导致的听觉差别会较大，年轻人的听觉较敏锐，但人在25岁以后，听觉便开始逐渐受损。另外，人们对来自前方的声音较容易辨析，对来自右前方的声音比较敏感，一般规律是右耳比左耳的灵敏度高。根据以上听觉特征，对展示过程中各种音响如电视、投影、讲解等声音来源可进行适当调整，让各种音响声源尽量配置在消费者的前方，以提高视听的整体展示效果。

另外，普通噪音会干扰消费者的语言交流，引起个体生理应激，造成厌烦情绪、注意力分散等后果，强噪音则会干扰消费者的正常行为。不同年龄阶段以及不同喜好的消费者，对音乐的感知也不一样。如较为年长的消费者多偏爱轻音乐，而时尚新潮的现代音乐则会让青年人充满激情。因此，展示空间的背景音乐选配应适合展陈氛围，运用恰当将产生锦上添花的效果。

### 2）展示声效氛围设计

电子商品展示可能产生较大噪音，为防止对其他营业空间的干扰，需选用隔声、吸音材料。另外，也可采用旋律轻柔舒缓的背景音乐缓解噪声。

商业空间展示为了营造良好的声效氛围可进行一定的造型设计：

① 顶棚设计时，可充分利用顶棚做反射面。顶棚高度不宜过大，否则将增加反射距离产生回声。平顶只适用于容积小的房间。另外，折线形或者波浪形顶棚造型，声音可按设计要求反射到需要区域，扩散性好，声能分布均匀。圆拱形或球面形顶棚易产生聚焦，声能分布不匀，要慎重采用。

② 墙面设计时，应注意发挥侧墙下部的反射作用，侧墙上部宜作吸声或扩散处理。如音响试听区应注意侧墙布置，避免声音沿边反射而达不到座区。一般侧墙的展开角在10°以

内，矩形平面的宽度在20m以内时较好。

③ 隔声门窗的运用。单一结构门窗，其隔声量随门、窗质量加大而提高。在板上紧贴一层阻尼材料，可降低共振，增大隔声量。门如采用空腔结构，可满填多孔吸声材料。门窗可以用双道、甚至三道以增加隔声量，双层窗的空气层一般为80 ~ 100mm。在不影响使用的前提下，尽量减少门窗的面积。门窗缝隙加以处理也可以提高隔声量。

# 3.4 展示环境的色彩体现

优秀的商业空间展示需要通过出色的配色方案进行辅助，进一步完善展陈环境氛围，满足消费者视觉及心理诉求。设计师应掌握色彩情感表达，灵活运用色彩搭配进行设计实践。

## 3.4.1 色彩情感特征

### （1）色彩的感官属性

色彩具有温度感、尺度感、重量感。不同的色彩组合可以带给消费者不同的知觉感受，合理利用色彩的各种知觉感受可以有效传达展陈信息，感染受众群体。因此，对色彩知觉的控制将影响商业展示视觉效果的舒适度，以及信息传达的准确度。

#### 1）温度感

色彩学中把不同色相的色彩分为暖色系、冷色系和中性色系。红、橙、黄为暖色系，其中橙色温度感最高；蓝、蓝绿、蓝紫为冷色系，其中青色最冷；紫色由红与青色混合而成，绿色由黄与青混合而成，因此是中性色系。除此之外，色彩的温度感也受色彩本身的明度影响。一般来说，明度越高越冷，明度低则显得温暖。无彩色的黑、白、灰偏冷，其中白色为最冷，黑色次之。另外，同一色彩如果纯度降低色彩会变冷。

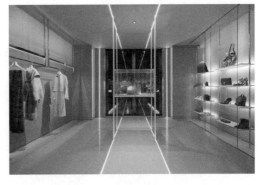

> 图3-4-1 暖色调商业空间展示设计

暖色会让消费者更加兴奋，冷色则会让人更加沉静。商业空间展示设计应充分利用色彩的不同温度感受，结合商品的特点属性进行科学合理的商业展示环境设计，对消费者进行适度的情绪调控（图3-4-1、图3-4-2）。

> 图3-4-2 冷色调商业空间展示设计

## 2）尺度感

一般冷色系或纯度较低的色彩具有纵深感，暖色系或纯度较高的色彩具有前进感。相同面积的空间，通常暖色的比冷色的在视觉上会显得更大些，因此在商业空间设计中，对于大空间可多用暖色调来减少空旷感，使视觉相对集中；对于小空间可用冷色系，使其显得宽松。这一方法也可针对同一空间内的不同部分，用来扩大或缩小视觉的空间感。当空间狭窄局促时，可对顶棚、立面或地面运用冷色系及纯度稍低的色彩来扩大和提高空间感（图3-4-3）。

> 图3-4-3　空间中蓝色调具有纵深感，红色调具有前进感

## 3）重量感

明度越高的色彩，会带给人轻盈、上升、灵活的感觉（图3-4-4）。相反，明度越低的色彩会给人带来稳重、安定、沉重之感（图3-4-5）。商业空间一般给消费者提供轻松、舒适的购物环境，较多选用明度高的色彩，而明度较低的色彩则常作为辅助。

> 图3-4-4　高明度商业空间展示效果 　　 > 图3-4-5　低明度商业空间展示效果

## （2）色彩的心理效应

色彩的心理效应指色彩的联想与心理情感效应。对客观事物的感知通常会受到我们生活经验的影响，看到某种色彩就会联想到其他事物，从而影响我们的情感。同时色彩也具有一

定的象征意义。由于地域文化、民族习惯、社会环境以及个体知识结构不同，人与人之间存在不同的色彩联想和情感象征差异。商业空间展陈色彩的设计应尽量满足人们在色彩方面的常规审美习惯（表3-4-1）。如中国人喜欢红色，认为红色吉祥喜庆，在庆典场合和节日期间，商场会选用红色装饰空间。黄色象征愉快安静、明朗活泼，给人阳光普照大地的感觉；绿色象征青春，易让人产生对草原、森林的联想，及平静沉着的感受（图3-4-6、图3-4-7）。

表3-4-1 色彩的联想与情感效应

| | 联想 | 情感效应 |
|---|---|---|
| 红色 | 火、血、太阳、火焰、红旗、红领巾、辣椒 | 热情、喜悦、喜庆、积极、温暖、欢乐、兴奋、活泼、吉利、希望、活力、幸福、爱情<br>野蛮、革命、警觉、危险 |
| 黄色 | 阳光、香蕉、黄沙、成熟的麦子、玉米 | 愉快、光明、希望、辉煌、灿烂、崇高、智慧、神圣、华贵、威严、慈善<br>浅黄：柔弱<br>灰黄：病态 |
| 蓝色 | 天空、海洋、寒冬、冰雪 | 和平、安静、纯洁、消极、冷淡、保守、深远、含蓄、沉思、冷静、智慧、内向、理智、科技 |
| 绿色 | 植物、草原、森林、蔬菜 | 和平、青春、理想、安逸、新鲜、深远、智慧、沉着、平静、安全、宁静<br>灰绿：衰老、终止 |
| 橙色 | 秋天、橘子、柿子 | 明亮、华丽、健康、温暖、芳香、辉煌、快乐、勇敢、渴望、疑惑 |
| 紫色 | 葡萄、紫罗兰、郁金香 | 优美、高贵、尊严、孤独、神秘、娇丽、性感<br>恐怖、荒淫、威胁、丑恶<br>淡紫色：高雅、魔力<br>深紫色：沉重、庄严 |
| 黑色 | 黑夜、乌鸦、黑发、墨汁、煤炭 | 庄重、肃穆、沉静、庄重、罪恶 |
| 白色 | 雪、白云、白兔、棉花、白纸、天鹅、白布 | 纯洁、朴素、高雅、光明、神圣、朴素、卫生、轻快 |
| 灰色 | 雾、水泥、乌云 | 高雅、含蓄、耐人寻味、谦恭、和平、中庸 |

> 图3-4-6 黄色在商业空间展示设计中的应用

> 图3-4-7 绿色在商业空间展示设计中的应用

另外，高明度、高饱和度、强对比的暖色系空间，如红、橙、黄会给消费者带来愉快的购物体验；低明度、低对比度的冷色系，如蓝、绿、紫等色彩空间会给消费者带来沉静安稳的感受。具体商业空间展陈配色可结合商品属性及设计理念，根据色彩心理效应来进行规划。

## 3.4.2 展示色彩审美效用

商业空间展示中所涉及的色彩主要有空间环境色彩、灯光色彩、展具色彩、文字品牌色彩以及商品固有色等。可运用色彩调和与对比的规律来进行颜色划分、同色系组合以及不同色系搭配，使展陈空间与展陈商品达到形、色、质的完美结合。

### （1）展示色彩的调和秩序

商业空间展示色彩主调色的把握、色彩均衡法则的应用，以及色彩呼应关系的处理等是构成展陈色彩调和秩序的主要因素。

#### 1）明确空间主色调

主色调是空间色彩的总倾向。商业空间展示的主色彩面积占整个展陈空间的比例越大，主色调就越明显。色调不同会给消费者带来不同的视觉感受，通常需要依据设计定位进行色彩把控。从色彩带给消费者的心理感受角度来看，以暖色调为主色调的展陈空间会给消费者温暖感；暖色调和高纯度色调的展陈空间既能给消费者带来活泼感，又能使其产生平静感；而高明度的色调空间既能给消费者带来轻快感，又能带来庄重感；多色相构成的色调能产生热闹感（图3-4-8）；而少色相组成的空间则会显得沉稳（图3-4-9）。

> 图3-4-8 多色相组合商业空间展示　　　　　　　> 图3-4-9 少色相商业空间展示

#### 2）色彩的均衡与调和

处理商业空间展示色彩的均衡就是处理其色彩统一与变化的适度性，也是保持整个空间展示色彩环境匀称的法则。

为避免孤立使用色彩，可将同类色、类似色、互补色均衡使用，使整体与局部色彩相呼应。同类色的色彩对比虽不够强烈，使用时可能不会引起消费者注意，但能营造出典雅高贵的购物环境；类似色调的调和使用可以使空间富有层次变化的美感；而互补色调，视觉冲击力比较强。如图3-4-10匈牙利WINK鞋店，利用紫色穿孔镀锌钢板覆盖入口和橱窗，蔓延到天花板，且在外立面上成为品牌标识的一部分，室内由黄色杨木打造出"峡谷"展架，鞋包等商品放置在"峡谷"边缘，显得格外醒目。

> 图3-4-10　匈牙利WINK鞋店的互补色均衡

## （2）展示色彩的对比效果

商业空间展示色彩的秩序调和离不开色彩的对比效果。过于调和统一的空间色彩难免让人感到呆板、乏味，需要适度添加对比色彩来丰富空间的层次感，但过强的色彩对比又会使空间产生杂乱感。如何进行展示空间色彩的对比配置是设计的关键。

### 1）色彩的明度对比

主要指商业空间展示色彩明暗程度的对比。适当的利用明度对比来进行色彩搭配可以产生强烈的视觉效果，如将重点展示的商品与环境背景形成明度对比，可达到强化商品信息的目的。如图3-4-11，为凸显眼镜展品，所有展示区皆使用白色的背景板来衬托，顶部及陈设品等使用低明度色彩进行对比。

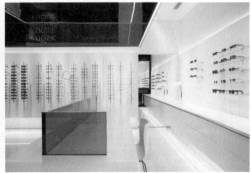

> 图3-4-11　某眼镜店色彩明度对比

我们发现，将同样亮度的灰色商品分别置于一黑一白两个环境色中，黑色环境中的灰色商品要亮一点，而白色环境中的却会暗一点，这种现象是色彩明度对比的边缘对比。同色系色彩有明度对比，不同色系色彩也有明度对比，比如色彩的有色彩对比和无色彩对比，无色

彩系黑、白、灰，在明度上比较容易区分，但有色彩的黄色和紫色的对比，在明度上黄色相对紫色较亮一点。在具体设计时，我们要合理利用色彩的明度对比现象。

**2）色彩的色相对比**

色相是色彩的基本属性。商业空间展示色相对比指两种或两种以上的色彩放置在一起，让顾客在视觉上体验不同色相之间的差异性。如图3-4-12某设计师品牌服饰店，通过两个不同色相的色彩将空间变成两个空间盒子。粉色盒子，用粉色、经典营造女性服饰的古典

> 图3-4-12 某设计师品牌服饰店展陈色相对比

浪漫，而对立的灰黑色盒子，则呈现出冷酷的现代与未来感。通过色相对比，有序的粉色古典和无序的黑色现代产生了真实而迷幻的空间效应。

另外，我们还可以运用降低纯度、色彩渐变、调节光照色、使用中性色间隔等方法来调和色彩、使用色相对比。

**3）色彩的纯度对比**

色彩的纯度指其纯净、饱和和鲜艳的不同程度。商业空间展示色彩的纯度对比指纯度高低不同的色彩所产生的对比，高纯度色彩的空间会更吸引人，给人兴奋感；而低纯度色彩的空间会有退后感，给人带来沉静的感受（图3-4-13、图3-4-14）。

> 图3-4-13 高纯度色彩空间展示　　> 图3-4-14 低纯度色彩空间展示

色彩的纯度对比还分为同色相的纯度对比和不同色相的纯度对比。例如，在商业空间展

示设计中将相同纯度的红色，放在高低不同纯度的红色背景上，我们所看到的是，放在纯度高背景上的红色，会因对比关系而显得纯度较低，反之放在纯度较低背景上的，会显得纯度较高。在商业展示设计中可运用这种现象来突出展品的主（高纯度）从（低纯度）关系。

#### 4）色彩的面积对比

商业空间展示色彩的明度和纯度相同，但色彩使用面积不同，给人们带来的视觉效果也不相同。例如相同色相的颜色，面积大的会比面积小的看起来明度、纯度都要高（图3-4-15）。

> 图3-4-15　某手机专卖店色彩面积对比

色彩的面积对比在商业展示空间的主色调把握上至关重要。如果空间中不同色相的色彩使用面积均等，那就很难判断空间的主色调。因此，在设计过程中，当确定某一色彩为主色调时，其他色彩的使用面积就要相对缩小，且当大面积使用某种颜色时，要适当降低其纯度和明度，这样的空间色彩处理才更具有层次感与主次感。

展示空间色彩对比运用的形式很多，但必须要有主色调观念，这样空间色彩才会有主次之分。如果空间展示商品本身固有色比较丰富，那么背景色就要尽量使用单调色彩，否则会削弱商品的视觉效果，进而影响信息传递。因此，只有将商品和背景色的色彩明度做出明显区分，才能达到良好的展陈色彩效果。

## 3.4.3　展示色彩设计原则

### （1）突出展示主题，彰显企业个性

展示空间的主题和商品是消费者主要的视觉对象，因此，空间的展示色彩设计应以突出主题和展示商品为主要原则。有些品牌展示有其特定的色彩要求，设计时要注意将品牌色彩融入。由于商品性质及品牌定位不同，其展示主题也不相同，空间色彩设计也会受到影响。一般科技类主题多选用冷色系，以渲染科技感和功能特性（图3-4-16）；食品类主题多使用暖色调，以增加消费者食欲；家居用品类主题多使用暖色系来渲染温馨氛围。

> 图3-4-16　金帝电器用金黑白企业标准色营造健康高品质厨房生活

### （2）研究目标消费群，激发购买欲望

商业空间展示色彩的服务对象是商品及消费者，其功能一方面是，合理利用色彩营造展示氛围，提升商品展示效果，促进消费，实现商品价值；另一方面是，利用色彩对消费者心理产生的不同影响，积极调动消费者情绪，提高消费参与度，激发购买欲望。

因地域、风俗、年龄、性别等不同，消费者喜爱的色彩也不同。少年儿童活泼好动，喜爱明快鲜艳的色彩；青年人思想活跃，精力旺盛，偏爱明快、对比强烈的颜色；一般针对女性消费者的商业空间多选用亮色调，年轻女性用品商店常选用柠檬黄、红色、粉色等纯度较高或对比强烈的色调；针对中年女性消费者则选用柔和的暖色调如紫红，或赭石色等沉稳含蓄的低纯度色调（图3-4-17、图3-4-18）。

> 图3-4-17　符合儿童的展陈色彩设计　　　　　> 图3-4-18　符合年轻女性的展陈色彩设计

### （3）把握流行色彩趋势，体现时代感

商业空间展示色彩的时代感塑造，最重要的元素是使用流行色彩，以此提升展示空间的时尚感。商业空间展示色彩设计不仅要掌握色彩的搭配方法，而且要紧跟时代潮流，时刻关注国内外最新流行趋势，结合商品属性有选择性地将流行色融入展示色彩规划中，为消费者创造一个具有时代气息的购物环境。

**（4）融入地域文化，彰显民族特性**

在不同地区、不同民族文化中色彩的象征意义有很大差异，人们的喜好也不尽相同。根据不同地域习俗特点，商业空间展示色彩需做出相应调整，创造出地域特色与时尚元素相融合的现代购物空间。Pandemos Agora精品店专营希腊化妆品和熟食制品，店铺色彩选用代表希腊地中海风格的蓝色和白色，展现出浓郁的地域风情（图3-4-19）。

> 图3-4-19　Pandemos Agora精品店

# 3.5　展示的光环境设计

商业空间展示设计中，光环境设计既是为了满足空间照明需求，又是设计师表现展品特征、引导消费者购物、渲染展陈空间艺术氛围的重要手段。光环境决定了展示空间的气质，不同光可以定义不同的空间，影响空间情感和事件的表达。空间与光环境一体化设计是商业空间展示设计整体规划的一部分。

## 3.5.1　展示用光理念及分类

对于商业展示用光而言，营造出安全健康、舒适美观的购物环境，满足消费者休闲、购物需求是至关重要的。展示照明设计不仅要考虑功能，更要突出艺术表达，以此来营造环境氛围，塑造展示主体形象（图3-5-1）。

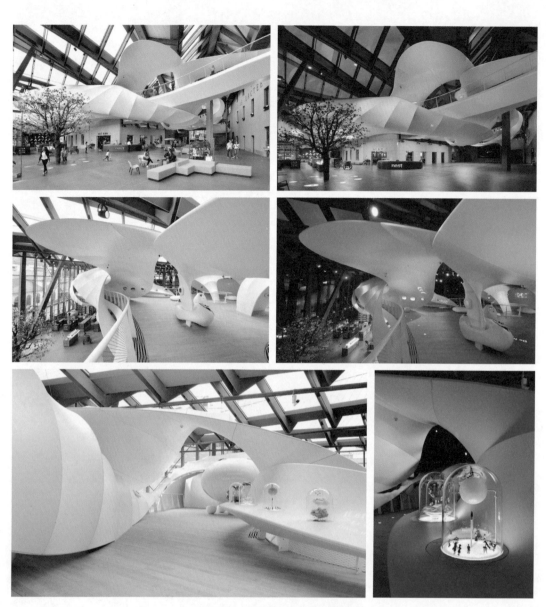

> 图3-5-1 雀巢体验馆光环境设计

商业空间展示的光环境设计常用光源有自然采光、人工采光、人工和自然混合采光三种方式。

### (1) 自然采光

自然采光即直接利用太阳光，节约能源、光照度好、方便卫生。一般用于室外的商业展示或具有透明顶棚的商业展示空间。如图3-5-2所示，加州斯坦福苹果专卖店顶棚采用玻璃材质，有效地利用了自然光照明。

### (2) 人工采光

人工采光主要以人工照明为主，具有较强的稳定性、可控性，常用于商业空间展示照明

> 图 3-5-2　加州斯坦福苹果专卖店

或渲染展示细节，是展示设计中不可缺少的照明方式。如图 3-5-3 所示，重庆"怪诞少女的衣帽间"的展陈设计，利用灯光将富有光感、充满未来气息的不锈钢和鲜艳的红色，渲染出戏剧性、趣味性十足的少女时装概念店形象。18 根排列有序的粉色石柱陈列着眼镜、鞋帽、皮包等饰品，与之呼应的顶部白色灯柱，烘托出展品独有的质感与色泽。

> 图 3-5-3　重庆"怪诞少女的衣帽间"

## （3）人工和自然混合采光

人工和自然混合采光可利用两者的优点进行互补式照明，自然采光因受时间和空间的制约，需与人工采光配合使用。如图 3-5-4 UR 华师旗舰店的设计，店铺基于的是一栋 20 世纪 80 年代的建筑物，设计师巧妙利用原建筑的窗洞，以及建筑入口内退 3m 的空间进行跨越两层楼结构的"峡谷"设计，充分利用了"峡谷"空间的人工与自然混合采光处理。

> 图 3-5-4　UR 华师旗舰店

### 3.5.2 展示灯光照明类型

商业空间展示设计中，合理的照明形式可以更好地塑造展示主题和品牌形象，诠释展示内容，有效传达商品信息。

#### （1）展示灯光照明方式

商业空间展示的灯光照明方式根据灯具光通量的分布状况及灯具安装方式，可分为以下几种。

① 直接照明。灯具90%以上的光通量照射于物体表面，即为直接照明。这类照明形式明暗对比强、照射面积大、遮挡性小、照度清晰，可营造商业展示空间中生动有趣的光影效果。常用的直接照明展示灯具有吸顶灯、筒灯、射灯、吊灯、灯带等。设计中，应尽量防止灯光直接投射到工作面照明区，与非照明区产生强烈的明暗对比，产生眩光（图3-5-5）。

② 半直接照明。灯具60%～90%的光通量照射于物体表面时，10%～40%的光通量照射于顶棚形成反射光线，即为半直接照明。此照明在保证工作面照度的同时，使顶棚和墙面也能得到适量的光照，照明效果主次分明，可用来营造柔和的展示环境。照明工具多使用半透明的材料遮罩灯具，或上敞口较小、下敞口较大的灯具（图3-5-6）。

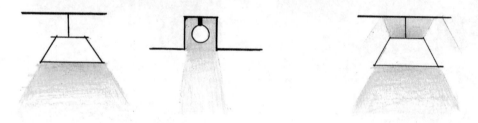

> 图3-5-5　直接照明　　　　　　　　　　　　　　> 图3-5-6　半直接照明

③ 间接照明。灯具10%以下的光通量照射于物体表面，其他90%的光通量通过环境反射、折射或漫射等方式作用于展示商品时为间接照明。这类光线柔和舒适，不会产生眩光和阴影。商业空间展示设计中常用反光灯槽把灯光反射出来，作为一般环境照明或提亮背景。因这种照明形式照度较低，常与其他照明形式结合使用才能达到特殊的艺术效果（图3-5-7）。

④ 半间接照明。灯具10%～40%光通量照射于物体表面，60%～90%光线照射于顶棚反射光线，为半间接照明。光通量在反射过程中损失较大，被照射商品只接受反射光线，照度较低，阴影较弱。灯具一般为上敞口较大、下敞口较小的壁灯或吊灯等（图3-5-8）。

⑤ 漫射照明。漫射照明也叫扩散照明，常利用磨砂玻璃、乳白玻璃灯罩或特制格栅等具有减弱眩光的光学材料制作灯具，使光线向四周扩散。漫射照明的灯具在各个方向上的光通量基本一致，光线柔和，不会产生眩光（图3-5-9）。

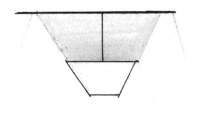

> 图3-5-7　间接照明

> 图3-5-8　半间接照明

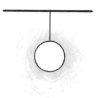

> 图3-5-9　漫射照明

## （2）展示道具的照明

　　商业空间展示照明的布局方式要考虑灯具的属性，比如色温、照度的选择等，还需避免因光线强烈而产生的眩光。当然，应用于不同的展示道具时，照明形式也要做相应的调整。

　　① 展墙与展板照明。商业空间展墙和展板照明，一般常采用顶部和地面灯具用垂直形式进行直接照明。其中，射灯较为常见，角度一般在30°左右，也可根据现场灯具的高度、展墙或展板的尺寸与位置进行调整，以保证照明范围适当。如展板具有移动性，为方便调节，可使用轨道射灯，也可以沿展板或展墙顶部设置灯槽，内置灯带进行照明布局。这种布局形式能够使光线更为柔和，适合尺寸较大的展板或展墙（图3-5-10）。

> 图3-5-10　展墙照明

　　② 展柜照明。展柜照明形式多样，以凸显展品为目的（图3-5-11）。一般采用顶部照明，光源置于展柜顶部，照度是基本照明的2～3倍，为防止眩光，可采用投光式光源或上下凹槽隐光灯光源，光源与商品间需用均光片磨砂玻璃来均匀光线；也可在展柜内安装下照光源；若是低矮展柜可在其底部设灯，透过磨砂玻璃照亮展品，产生轻快透明之感。

> 图3-5-11　展柜照明

③ 展台照明。展台具有开放性，展陈商品需多角度观看，展品光影的立体化效果要求较高，可采用射灯、聚光灯等聚光性较强的照明方式，结合侧逆光对展品进行多角度立体感塑造。另外，也可在展台上方的顶棚处安装有轨射灯，或直接在展台上安装射灯，光源角度从展品侧上方50°左右配置，必要时可配合泛光灯进行辅助，以保证亮暗面信息的有效传达（图3-5-12）。

> 图3-5-12　展台照明

④ 灯箱照明。灯箱在商业空间展示设计中被称为发光柜，根据功能及用途的不同，其形式也大有不同，有壁挂式、直立式、活动式，其中还分为方形、弧形、异形等。无论是哪一种类型的灯箱，其照明布局都要注意内部光照均匀，符合安全用电规范（图3-5-13）。

> 图3-5-13　灯箱照明

### 3.5.3 展示用光设计原则

商业空间展示用光设计应遵循功能性、安全性和经济性等原则。

**（1）功能性**

不同商业展示区域对用光要求各异，应根据空间展示的商品性质以及功能要求等，对灯具类型、照明方式进行选择，灯光照度高低及灯光光色的变化皆需要根据现场情况做出局部调整。一般在设定基本照明的亮度时，辅助灯具色温一般控制在50～60lx至200～300lx。高色温白色荧光灯往往控制在500lx以上，且暖色系商品应采用暖光源进行照明，冷色系商品应采用冷光源进行照明（图3-5-14、图3-5-15）。

> 图3-5-14　暖色系光源的使用

> 图3-5-15　冷色系光源的使用

为避免眩光产生，除装饰和烘托气氛的照明灯具外，其主要光源要注意角度调整，尽可能不暴露在外。另外，展示商品需保证足够的照明，确保商品展示区域照度高于周围非展示区，以利于将消费者视线引向展示商品，并能清晰地观赏（图3-5-16、图3-5-17）。

> 图3-5-16　POPPEE设计师品牌配饰集合店

> 图3-5-17　端木良锦798概念店-前厅展墙

### （2）安全性

贵重和易损商品的重点照明应尽量选用不含紫外线的光源，以防止光源中的紫外线对展示商品产生破坏，LED灯为首选灯具。除此之外，还应考虑照明用具在使用过程中的防火、防爆、防触电、散热以及灯具布线设计等的国家规范要求。

### （3）经济性

商业空间展示的灯具选择应尽量采用技术先进、节能高效的照明灯具及电器附件，以便在满足照明的同时节约能源，如选用LED灯具等。在展示灯具布设时，可根据展示商品和空间特征，利用声控感应灯等智能照明系统，经济高效地使用灯光。

## 3.5.4 展示灯光照明手法

### （1）光色的选择

商业空间展示注重巧妙运用光源的色温来渲染展示空间的氛围。色温低的光源呈红、橙暖光色，具有温暖感；随着色温的升高，逐渐呈现蓝、白冷光色，给空间带来爽快、清凉气氛。由不同光色光源对比组合而成的空间，具有活泼气氛。选择运用各种灯具，充分发挥光源特性，根据照度、亮度的光色层次与节奏，有利于调节展示环境的艺术气氛（图3-5-18～图3-5-21）。

> 图3-5-18 灯带色温变化对比

> 图3-5-19 高色温的冷色光源

> 图3-5-20 不同光色组成的光源

> 图3-5-21 用灯光渲染出卧房家具的展示效果

商业展示照明要合理使用光的色彩，塑造环境的有色光要避免直接照射在展示商品上，防止影响固有色呈现，造成商品失真。另外，还要避免渲染氛围的有色光照度高于商品照明，误导消费者的视觉感受。光的色彩呈现方法很多，可直接利用照明灯具产生有色光源，也可以在灯具上利用变色滤镜成为有色光源或直接利用有色透明材质制作发光体。

### （2）光影的塑造

商业空间展示中光"影"的塑造受光的照度、照射角度以及物体透明度等方面影响。影子与展示商品的亮暗对比越大，或影子的复杂程度越高，越能吸引消费者的注意力。在进行空间光影关系处理时，可以根据商品的特点，利用影子的形态塑造展品形象，比如造型有镂空的商品，影子的形态也是产品整体造型的一部分，可利用影子来丰富商品的形态展示层次（图3-5-22）。

> 图3-5-22　光"影"的形态塑造

同时，也可以巧妙地利用光来塑造展示商品阴影。光影的呼应和变化的虚实效果可以产生趣味性画面，烘托空间氛围，引发消费者的好奇心，进而有效传达商品信息（图3-5-23）。

> 图3-5-23　某珠宝悬浮展台利用光影烘托展陈空间氛围

### （3）光动态的营造

常见的动态灯光有如下几种：摇头灯和摇摆的激光束是通过灯具摇动来实现的动态光，可运用于大型的展演式商业展示空间；LED灯带通过光源的改变来实现动态光，可运用于店面的入口部分；还有通过电脑程序控制的有节奏变化的照明场景，可结合动态光应用于展演式商业展示空间。

动态灯光的运用要注意排列顺序的节奏和韵律感，避免给消费者带来杂乱目眩的感受。动态光常与其他灯光结合使用，明光和暗光的结合达成平衡，共同塑造特定的购物环境。

### （4）光意境的传达

灯光不仅要实现对展示商品进行照明的功能，还要对商品进行艺术处理。装饰灯光具有戏剧性与艺术性照明效果，其特殊的灯具造型以及灯光效果能够塑造出多种意境氛围。设计中，不同形状的设置搭配，合理的光源、光色，以及精准的照明角度、投光对焦的运用，可使灯光与展示商品产生良好的对话，能够营造出独特的空间意象和情趣氛围（图3-5-24）。

> 图 3-5-24　Van Cleef &Arpels展厅

# 3.6　展示环境的材料表现

材料是构成空间的实体要素，也是商业空间展示设计由理念转为现实的物质载体。各种不同性能的材料根据各种展陈主题、功能等被运用于展示空间，塑造出不同的感性效果。设计师应根据材料的性质特点，做到"因地制宜""因材施法"，充分利用不同材料塑造出展示空间的不同特质，为消费者带来不同的体验情境。

## 3.6.1　材料质感

材料的质感与肌理通过不同工艺的加工组合后，会给人带来新的体验感。商业展示设计中常用的材料一般分为木材、竹材、藤材、石材、玻璃、金属、塑料、复合材料等。掌握材质的属性、加工工艺与制作技术，将有助于展示设计中的材料搭配和运用。

### （1）木材

木材材质轻，易加工，有韧性、弹性，抗冲击、抗振动性能好，声、电、热的绝缘性优良。木材有天然纹理和色泽，给人清新自然、舒适淡雅的感受。巧妙使用木材能够营造出具有自然和生态美感的展示空间（图3-6-1）。

> 图 3-6-1　米兰Camper鞋店

不同的木材其性能也有所区别，比如柳木、楠木、果树木（花梨）、白蜡、桦木等属硬质木材，其花纹明显，但比较容易变形受损；像松木（白松、红松）、泡桐、白杨等木材，质地比较软，抗腐性和抗弯性差，不适合做结构使用。

### （2）竹材、藤材

竹类的装饰材料方便加工，常结合拼、编、剁等工艺使用，能够展现色泽明快的质感和天然纹理。藤是介于草和木之间的一种材料，既有草的柔韧，又具有木的坚韧性。利用藤条的柔韧优势，任意缠绕能产生形态各异的造型。如图3-6-2所示，图卢姆树屋美术馆商店使用当地的一种藤蔓植物覆盖展示空间，不规则的顶棚采用树枝作为支撑结构，光线透过狭窄的空隙进入空间，而大部分光线则透过墙壁上形态各异、大小不一的圆形窗户进入。

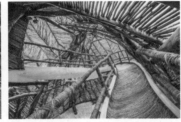

> 图3-6-2　图卢姆树屋美术馆商店

### （3）石材

石材可分为天然石材和人造石材。天然石材表面花纹自然，具有装饰性，是从天然岩体直接开采的石体，在使用过程中可将其解体为块状或板状。天然石材有硬度高、耐磨性能好的花岗岩，颜色较多、花纹自然、材质较软的大理石。人造石材是将天然大理石、方解石或白云石等粉料人工合成的材料。这类石材具有色彩艳丽、光洁度高、颜色均匀一致、坚固耐用、放射性低、环保节能等特点。

石材可以用来塑造空间主基调，具有极强的现代感，充满理性主义色彩。但处理不好的话，会使空间变得冰冷坚硬，没有人情味，常与柔软材料结合使用，通过材质对比能取得不错的展示效果（图3-6-3）。

> 图3-6-3　Haight精品服装店，以石材为基调，结合玻璃和金属塑造空间质感

## （4）玻璃与镜子

玻璃材质极具现代性，具有良好的透光、透视和隔声效果，可渲染展示空间虚无缥缈、含蓄朦胧的艺术氛围。

玻璃常分为普通玻璃和钢化玻璃，普通玻璃通透感强，更易使室内外融为一体。钢化玻璃强度比普通玻璃高，可承受250℃温差变化，耐冷热性质是普通玻璃的3～5倍，可防炸裂，安全性高。除此之外还有半透明玻璃，一般有磨砂玻璃、压花玻璃、夹层玻璃等。磨砂玻璃通常用金刚砂或化学方法处理，表面粗糙、半透明，可使光线产生漫反射，只透光不透视。商业展示空间还常用玻璃砖、中空玻璃、彩色玻璃、雕刻玻璃等材料进行装饰。图3-6-4所示的幾樣女装品牌专卖店，通过玻璃的反射、半透明及透明材料的叠加和运用，搭配Kvadrat Raf Simons系列灰绿色绒布垂帘及柔和细腻的人工照明，创造出丰富的空间层次和空灵的空间维度，与品牌主题所崇尚的极少主义概念暗合。

> 图3-6-4　幾樣女装品牌专卖店

镜子作为玻璃的一种特殊形式，可以增加空间的延展感。当代商业展示空间常运用开放性或半开放性形式；虽然空间通透，但缺少变化。而镜子通过角度反射，能够使空间产生延展效果，既减少了空间的拥挤感，又丰富了展示空间。如图3-6-5所示，各地钟书阁书店的顶面和地面设计中大量使用镜面材料。在实际的商业展示空间中，会存在许多拐角和隔断变化，合理使用镜子可以避免空间形成死角，使空间具有扩展感，有利于商品展示。

> 图3-6-5　各地的钟书阁书店皆大面积使用镜面

## （5）金属

金属材料硬度大，按金属的含量分，可分为纯金属、合金、金属化合物及特种金属；按金属的颜色分，一般分为黑色金属和有色金属；按金属的形态分，包括板材、型材、管材等。展示空间常用的金属有：普通钢铁、不锈钢、铝材和铜材等。

商业空间展示中的金属可用来做展架的框架结构或大跨度构件，其反光性和光泽感强，具有极强的现代感和视觉冲击力，越来越多的现代商业展示空间利用金属来体现工业气息。如图3-6-6韩国首尔雪花秀旗舰店，利用贯穿室内外的黄铜立体网格结构将店铺的各个空间串联在一起，引导顾客逐个探索店铺的每一个角落进行消费体验。

> 图3-6-6　韩国首尔雪花秀旗舰店

## （6）塑料

塑料是合成的高分子聚合物，即以合成树脂、天然树脂、橡胶、纤维素酯或醚、沥青等为主的有机合成材料。质地轻，成型工艺简单，物理、机械性能良好，并有防腐、电绝缘等特性，虽在常温压力下不易变形，但耐热性和韧度较低，易出现老化现象。

常见的塑料制品有塑胶地板、贴面板、有机玻璃、人造皮革、阳光板、PVC板等。其中，有机玻璃是热塑性塑料，颜色丰富，透光性好，机械性能好，具有耐热、抗寒、耐腐、绝缘等特性，易成型，但较脆，且不耐磨（图3-6-7）。

> 图3-6-7　ROOM概念商店

## （7）复合材料

复合材料属再生材料和合成材料，常见的有三合板、压缩板、塑铝板、KT板、纸浆板、模型板等。三合板常用作展具的侧板及饰面材料；合成板、五厘板、九厘板，易弯曲，常用来做结构；压缩板中的刨花板用木材或其他木质纤维素材料的碎料胶合而成，具有防潮、环保、抗压、握钉能力强等特点；密度板是以木质纤维或其他植物纤维为原料，经加热加压而制成的板材，按其密度可分为高密度纤维板、中密度纤维板和低密度纤维板，可制作成展架和墙体隔板；塑铝板在两层铝皮中间夹PNC型料，抗腐蚀，可作为贴面板用于店面、展台、展架、展柜等，塑铝板颜色丰富，无须油漆，具有金属质感；KT板、吹塑板、纸浆板等多用于展示模型制作与图文底板。

图3-6-8马德里"星体"材料展中借助FINSA品牌的最新材料"Fibracolour"（一种中密度纤维板）制作成一系列具有丰富色彩和纹理的"星体"。将星体的构成以细致入微的方式呈现出来，吸引观者去思考每个星体的组装方式，同时观察星体中所包含的不同材料。

> 图3-6-8　马德里"星体"材料展示

## （8）纤维纺织品

纤维纺织品可悬垂于展示空间内部，增加空间层次，还可铺设在地面、墙面。常用的纤维纺织物材料有丝、纱、化纤、丝绸、麻布、羊绒等（图3-6-9）。

> 图3-6-9　某儿童服装店

## 3.6.2　材料创新应用

商业展示空间材料众多，对常规材料进行创新应用能够产生异样的展示效果。在对材料各性质、特征深入了解后，将材料用途、使用方式、肌理对比等进行非常规创意应用，可产生新颖的展示效果。

### （1）材料用途和方式的改变

改变材料以往的用途方式，进行加工处理，以新形式应用于展示空间设计中。如图3-6-10所示，屋瓦是建筑屋顶的室外用材，而隈研吾设计事务所设计的Camper专卖店，将陶制屋瓦不断重复，作为店内墙壁、货架、柜台等的装饰元素。由屋顶瓦片构成的壁龛展示造型，新颖奇特。

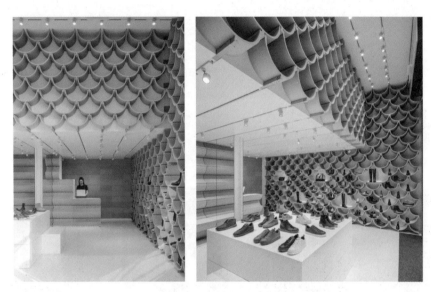

> 图3-6-10　Camper专卖店

### （2）材料肌理的组合

不同材料本身的肌体形态和表面纹理有所区别，在商业展示设计中常利用这些材料的肌理表现进行创新实验。展示空间中质感和肌理相似的材料协调运用，可使空间具有统一完整性；而质感和肌理相差较大的材料组合，可弥补相似材料运用带来的单调性，具有丰富空间层次，活跃空间的特性。如玻璃、金属、水泥等冰冷质感的人工材料与竹、木、藤等自然材料的组合使用，会使现代空间中透露出自然气息（图3-6-11）。

### （3）旧材料的新用法

这里的"旧"材料，指已失去原有使用功能的材料或以往司空见惯的常用材料。旧材料的选择常结合空间所要展示商品的主题和性质，有效利用材料的属性完成展示信息的辅助传达。如图3-6-12 BOOK AND BED书店，利用废旧书籍进行屋顶装饰，让人印象深刻。

> 图3-6-11　纽约苹果旗舰店　　　　　　　　　　> 图3-6-12　BOOK AND BED 书店

### （4）科技带动材质的创新

随着科技的发展，商业展示空间设计出现了越来越多的新材料、新工艺的结合。如利用计算机软件控制技术将木材、金属、亚克力、玻璃进行激光雕刻、镂空、印花、腐蚀等处理，表现出特殊的艺术设计效果。图3-6-13宝格丽吉隆坡旗舰店，为了彰显该奢侈品牌的历史传承，外立面将混凝土与树脂材料相结合，又将玻璃纤维混凝土（GRC）按图案造型进行切割，用树脂填充，再加入琥珀般的LED灯照明，创作出具有透光性的大理石效果。不锈钢板作为树脂的基层，整合连接到静脉般的图案中，使不论白昼，商店入口外立面的墙壁都能达到半透明效果，散发出温暖的琥珀色光芒。

> 图3-6-13　宝格丽吉隆坡旗舰店

# 3.7　展示道具设计

随着沉浸式商业空间展示设计的发展，展示道具和装置艺术越来越被关注，空间的构成、展品的摆放、照明的设置等都需要各种有创意的展示道具和装置衬托。展示道具既有效加强了展示效果，又可以提高空间塑造感，美化环境，提升企业品质，吸引消费者关注，与消费者产生情感共鸣。

## 3.7.1 展示道具分类

任何商业空间展示都离不开展示道具，道具的形态、材质、色彩以及结构方式受展示主题和风格影响。根据展示道具的功能进行分类，主要有以下几种形式。

### （1）展架

展架是商业空间展示中用途最广的道具之一，主要具有吊挂商品、承托展板等作用。商业空间所使用的展架类型众多，按照其结构来分，可分为固定式展架和组装式展架。

固定式展架根据品牌定制而成，对品牌的个性和可识别性有一定的要求，但由于连接部位不易拆卸，通常不易改变其结构，不可重复利用，具有一次性、专用性和永久性等特征。

组装式展架多用于常变换展示形式的商业展示空间，将预制的易于安装的连接件运用勾、夹、撑、挤等多种连接方式组装而成。拆装方便可重复使用，具有轻便、经济等特点。

另外，还有拆装式、折叠式、伸缩式、拉网式和支架式等便携式展架。商业空间展示的展架常追求组装灵活、使用便捷的特点。无论哪种展示类型，都应根据展示主题对造型和结构进行科学处理，力争做到简洁、轻松，突出整体形象（图3-7-1）。

> 图 3-7-1　根据展示主题塑造展架的形式

## （2）展柜

展柜的主要作用是保护和突出所展示的商品，是展示商品的重要载体。展柜类型多样，常见的有中岛货柜和边柜，可根据展示空间需要搭配使用。

中岛货柜是独立放置的，兼具展示商品和引导交通的作用，方便消费者从各个方向选购商品。此类货柜高度不宜太高，避免阻挡消费者视线，遮挡店面内部其他空间，所陈列商品大小要和货柜的空间比例相适应。中岛货柜形式有桌式、柜式及特定式，适用于较多商品类型的展示，使用广泛（图3-7-2）。

> 图3-7-2　中岛货柜

边柜往往靠墙或进行空间围合布局，只有一面或者三面可观赏，靠墙的一边可只装背板，柜内可装置照明灯具，可加装玻璃以防尘防盗。边柜因展示需求不同，其尺度会有相应变化，高橱柜能让消费者平视展示商品，高度一般为2200～2400mm，宽度与进深的尺寸可根据现场情况而定。矮桌柜有平面柜和斜面柜之分，斜面又分为单斜面和双斜面。单斜面桌柜往往靠墙而设，双斜面桌柜一般会放置在展示空间中心位置。平面柜高度约为1050～1200mm，斜面柜总高为1400mm左右，柜长、进深以及柜内净高可根据现场情况而定（图3-7-3）。商业展示空间橱窗景箱也属于展柜的一部分，橱窗内部布置各种场景，使商品的展示更具生动性。

> 图3-7-3　边柜

## （3）展台

展台可作为展示商品实物、模型及其他装饰物台面，既可使展品与地面彼此隔离，衬托和保护展品，又可进行组合，丰富展示空间层次。商业空间展台对尺寸没有固定要求，在符合人机工程的基础上根据展品大小进行尺寸调整即可。常见的有静态展台和动态展台两大类。

### 1）静态展台

静态展台形制大致可分为平台式、模块式、套装式、特制式等。

① 平台式展台主要用于展示较大商品，如雕塑、模型、家用电器、机械设备和交通工具等。

② 模块式展台，分为单体几何形如圆柱、方体、圆台等，或像积木一样多种几何元素根据一定的模数进行大小、高低组合型的展台。这类展台比较灵活多变，可实现多个商品共同展示，也可根据店面空间的变化随时进行调整（图3-7-4、图3-7-5）。

> 图3-7-4　不可移动模块式展台　　　　　　　> 图3-7-5　可移动模块式展台

③ 套装式展台，形制不变，在大小比例上根据一定的模数进行缩小和放大处理，使用时可依次按照大小顺序抽出，再根据展示需要进行布置。这类展台如俄罗斯套娃，储存和运输方便，适合流动性大和机动性强的展示空间。

④ 特制式展台是根据商品的形制特点进行特别定制的展台形式，一般具有创意新颖、造型复杂且功能性强的特点（图3-7-6）。

> 图3-7-6　特制式展台

### 2）动态展台

动态展台能够完美展现商品各角度的细节，动静结合的展示手法能够使展示空间更加生动。如珠宝首饰的小型机械旋转展台，能够方便消费者全方位观赏商品细节。动态展台的尺度需要根据展示商品的大小进行特定设计制作。

### （4）展板与展墙

商业空间展板主要用作平面展示道具，也可根据实际需要，将商品实物或装饰物件用悬挂、镶嵌、粘贴等方式放置于展板两侧或一侧。作为商品的立体展示道具，展板的形态有平面、弧面两种。当展板同时具有分隔空间的属性时，便具有了展墙功能。

展板和展墙在展示空间中常用作展品以及整个环境的背景，是承载商品、文字、图片宣传、展示等信息传达的重要媒介。有设计感的展板和展墙能够通过优秀的图形处理、精确的文字编排、合理的色彩搭配，使展示版面形象生动，吸引消费者关注（图3-7-7）。

> 图3-7-7　展墙与展品的组合形式

展板和展墙版面设计要遵循主题鲜明、形式和内容统一、版面文字和图片信息排列应尽量考虑视觉感受和功能第一的原则。根据顾客观看的距离确定字体、字号与行距设计，确保文字编排清晰。版面中出现的图片等，要在面积和数量限定的基础上进行效果的编辑制作。图片的个性化处理、图文叠印或趣味编排都能为展板增加引人注目的视觉效果（图3-7-8）。

> 图3-7-8　展墙的趣味性编排

### （5）模型与模特

代替实物作为展品的模型，根据实际需要按照一定比例进行放大或缩小，通过实际应用场景的还原带给观众模拟真实体验的感受。比如，家居展往往1：1还原设计方案，给观众传达更加真实有效的信息（图3-7-9）。

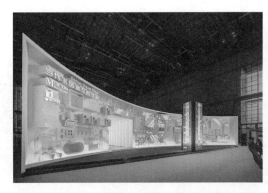

> 图 3-7-9　家具展模型场景

　　模特道具在服装类商业空间展示中比较常见，可分为道具模特和真人模特两种。

　　道具模特根据展示的需要可使用男女全身模特、男女半身模特道具、男女模特头部道具以及儿童全身模特等道具；可也根据形态分为特殊模特道具、抽象模特道具、站姿模特道具、坐姿模特道具、组合模特道具。使用时，要注意道具材质的环保性。

　　真人模特是通过特定场景布置，加之灯光或音乐气氛烘托，利用真人来宣传品牌产品，比如二次元人物造型和真人模特展示等，将品牌风格、定位以及产品信息直观展现给顾客。

## （6）新媒体技术

　　商业空间展示设计以强化品牌形象、传播产品信息为目的，在商品展销和品牌宣传推广方面不断地融合新媒体、新技术，常利用投影、全息影像、数码视频、虚拟现实等方式进行新媒体技术展示。比如北京SKP-S以数字化模拟未来为主题的沉浸式商业展示，打破了传统的陈列手法，通过数字化模拟未来情景与过去时光，使商场呈现出未来感十足的科技氛围。

## （7）装置与装饰

　　商业空间展示装置与装饰艺术主要指空间设计运用的雕塑、装饰物件、绿植等。依据商业展示主题，巧妙地将装置、装饰物点缀其中，使空间更具情景化和戏剧化，富有感染力，提高了空间品味（图3-7-10）。

> 图3-7-10　商业展示空间中的装置艺术

商业空间展示中的装置和装饰艺术品是对品牌文化的深层次体现与提升。著名旅行箱品牌RIMOWA在上海恒隆广场举行的品牌展示中，以《打好行李·打开城市》为装饰主题，利用地面和展台将上海、北京、深圳三座城市的地标性建筑：北京胡同、江南民居、深圳城中村、长城、过江大桥、海上邮轮等图形进行艺术绘制，五彩斑斓的中国大都会全景图衬托出旅行箱的高端品质特征（图3-7-11）。

> 图3-7-11　RIMOWA旅行箱展示

### （8）其他辅助道具

在商业空间展示设计中，还需很多其他辅助性道具，如屏障等。通常屏障分为屏风、艺术造型等，主要具有分隔展示空间、悬挂实物展品、广告宣传以及分散人流等作用。一般屏风的高度为2500～3000mm。联屏可用单片联结而成，单片宽度为900～1200mm，屏风的宽度不限，可根据空间而定。

随着新材料和新技术的不断出现，商业空间展示道具造型及类型也更加丰富多样，展示道具的恰当选择和应用，是对设计师创意和审美能力的考验。一些生活中随处可见的元素都能够被巧妙运用到展示空间中成为道具，比如梯子、树枝、披肩、纽扣、光盘等。

## 3.7.2　展示道具应用

### （1）展示道具与主题

展示道具是展示空间环境的重要组成部分，展示道具应紧跟展示环境主题，在道具的风格、色彩、造型等方面呼应设计主题。如图3-7-12成都言几又IFS旗舰店，以"造梦空间"为主题，大量使用铁网装置创造空间的虚幻意境。

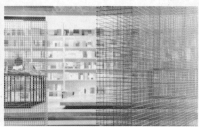

> 图3-7-12　成都言几又IFS旗舰店

## （2）展示道具与展品

展示商品的形态和尺度决定了展示道具的尺度，展示商品的质和量决定了展示道具的材质、结构及承载量，展示道具与展品的色彩搭配，要建立在明确道具与商品的主次关系上。由此可见，展示道具的使用，不仅具有衬托、保护商品的作用，而且还具备补充传达展品信息的功能。

展示道具的应用，要充分了解展示商品的性质、形态特征、展出形式以及消费者的心理等。比如体积比较大、比较重的商品，往往选择地台形式展陈，外加其他道具进行辅助展示，如汽车；质量轻，体态小的展品可以利用挂钩、吊线等道具进行悬吊展陈或利用展台进行架高展陈，如服装、玩具等；比较贵重且形体较小的商品，常利用展柜等展示，比如瓷器、珠宝、玉器等（图3-7-13）。

> 图3-7-13　不同道具展示出的展品效果

## （3）展示道具与空间

展示道具除了具有展示商品、传达信息的功能外，还可以根据空间形态，利用屏风、帷幔、展墙、展架、展柜等实现空间的开、合、通、隔等空间分割，提高展示道具的使用效率，增加空间灵活性，引导交通流线。如图3-7-14 TGY沈阳品牌集合店，在空间设计上运用弯曲不锈钢造型分割出富有变化的购物空间，活跃了视觉效果。背景墙反射出不确定的服装和环境色彩，给消费者带来不断变化的空间感受。

展示道具中的吊灯、立柜、柱子、地台等在现实空间也具有一定的限定作用，可以根据展示的实际需要对开敞空间进行水平或垂直空间的划分和限定。从消费者的认知习惯来看，导视系统、各种标识、广告展牌等识别性强的道具，也具备点缀空间的展示功能。

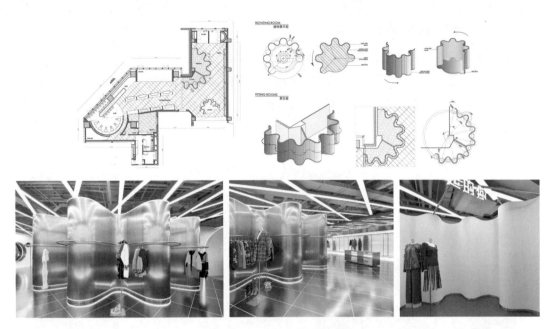

> 图3-7-14　TGY沈阳品牌集合店

### （4）展示道具与消费者

展示道具的设计要符合人机工程学的要求，满足消费者静态和动态观看的尺度、视觉、心理等要求。关注从水平、垂直角度观看商品的距离以及消费者的最佳观察角度，尽量全方位展示商品，避免造成拥堵。

## 本章小结

本章重点讲述商业空间展示设计要素的相关内容，具体介绍了橱窗设计、店面设计的展示陈列形式、艺术处理手法等，对展示设计中涉及的人体工程学、色彩、光环境、材料等设计要素进行了较为翔实的梳理。商业空间展示设计需要充分了解商家的经管理念和企业形象，树立明确清晰的设计主题，综合运用造型、材料、色彩、灯光等设计语汇传达出商品价值，并创造出宜人的购物环境。

## 实训与思考

1. 实地调研已建成的商业展示空间设计，结合本章所学内容，对橱窗及店面内部陈列、空间划分、交通流线、视觉导向、色彩搭配、灯具照明、材料表现等方面进行分析体会，并分组讨论其值得借鉴学习的地方。

2. 选择同一个商业展示空间，尝试赋予其不同材料、不同色彩，体验材料及色彩对展示效果的影响。

3. 以小米电器专卖店为例，结合品牌文化与产品特点进行橱窗和店面设计。

# 第4章　商业空间展示设计的创意表达

商业空间展示设计属于艺术设计的范畴，同时又是一门边缘学科，就空间艺术设计本身而言，感性的形象思维占据了主导地位。但是在相关的功能技术上，则需要逻辑性强的理性抽象思维。因此，进行一项商业展示设计，丰富的形象思维和缜密的抽象思维必须兼而有之、相互融合。

商业空间展示设计的创意分为三个层次。第一个层次是宏观的、总览全局的创意，一般是由决策者提出的带有指导性、指令性的构想或设想，并且涉及的领域较广泛，具有设计指导意义；第二个层次是设计师与商户或主办方之间对展示空间的创意，需要彼此在功能、审美、经济等方面进行多次探讨而达成共识，具有商业指导意义；第三个层次是完全按照设计师的意愿进行创意，设计师结合前期对商业空间展示主题、形式等的市场调研提出较为完整的设计方案，具有概念化特征，风格独特。

# 4.1 商业空间展示设计创意思维

思维是人脑针对不同客观现实的反映。人们用不同思维类型和过程来进行思考。商业空间展示设计创意思维在一般思维基础上具备独特思维方式、特殊过程和个性化特点。

## 4.1.1 创意思维特点

商业空间展示设计引人入胜的关键是其创意思维独特新颖。商业展示在空间形象、空间分割以及空间过渡等方面具有特色明显的新颖形式，设计中需把握创意思维整体性、多元关联性、个性化的特点，同时搭配恰当的色彩、装饰及灯光来烘托展示产品，提高展示空间的氛围表现及情调氛围。

### （1）整体性

商业空间自身就是一个复杂的整体系统，创意思维需要渗透到整个空间设计的各方面及全过程。在进行商业空间展示设计时，要尽量使空间布局、软装设计、色调选择等方面和谐统一。商业空间展示的某品牌企业文化和形象设计通常不受展示地域限制，需要执行统一设计元素。如标准化的标志、图形、字体及色彩等需规范使用，突出企业的文化内涵及独特的形象，可尝试用创意独特的材质及道具进行商品展示。这种统一的形象风格展示设计能够使消费者及参与者对该企业产生独特的印象，形成视觉记忆。如在各种国际博览会及区域展览交易会活动中，风格明确统一的商业空间展位是企业文化形象宣传的重要体现。

喜茶作为新潮茶饮的代表品牌，在企业文化场景体验设计方面较成功。喜茶"千店千面"背后的品牌逻辑始终如一，但传达给消费者的整体感受却一直围绕关键词"酷""灵感""设计""禅意"展开。位于不同城市的店面，在适应当地经济情况、审美需求等前提下，皆具备喜茶企业背景下的整体风格和氛围。城市山水主题的喜茶门店，以山水意境之美为灵感，用不同于以往的视觉风格来诠释喜茶的品牌精神，深度挖掘茶文化的时代性，用年轻化的设计语言传递喜茶现代禅意精神中的"东方意境之美"（图4-1-1）。

> 图4-1-1　城市山水主题的喜茶门店

### （2）多元关联性

商业空间展示是集展示、互动、销售、服务等多方面于一体的空间设计。商业展示的设计创意在满足消费者对展示内容、功能分区、造型色彩等方面的生理、心理需求的同时，运用多功能复合展示手法，充分利用展示空间，合理规划交通流线，营造出艺术性强、销售良性循环的舒适购物环境。因此，商业空间展示设计的创意思维是多元化、多角度，并且相互关联的。

东京 minä perhonen koti（彩池上的店铺）主要经营家居百货，在设计中充分考虑视觉、心理等多方面因素的关联性，展示区地面采用环氧树脂浇筑地板铺装，呈现彩池般效果。商品展架用铜管支撑，产生轻盈的视觉感受，通过改变小隔间的高低位置，吸引消费者关注被织物覆盖的地面，突出创意主题（图4-1-2）。

> 图4-1-2　东京 minä perhonen koti（彩池上的店铺）

### （3）个性化

商业空间展示设计的创意思维体现在，创意过程中既有共同性、相似性，又有特殊性，空间创意思维设计具有多元化、个性化特点。展示设计中常针对商品特点，提炼出商品特有的个性元素，充分运用到空间设计、造型装饰等环节，彰显个性化特征。

日本北海道奶制品商店，运用奶牛身上的黑白花纹作为主要装饰元素进行空间展示设计，个性化显著（图4-1-3）。店面巨大的奶牛标志对顾客具有极强的吸引力，印着奶牛花纹图案的设计元素从店面一直延续到室内，地板、天花板以及冰激凌柜台都装饰着同一种图案，并延伸到二层，与二层模拟真奶牛的模型混合在一起，具有极强的融合感。吧台使用的材料和墙壁、地板相同，顾客可以在此挑选喜好的甜品配料。

> 图4-1-3　北海道奶牛图案装饰的乳制品店

## 4.1.2　创意设计思维方式

创意设计思维有着共同性、特殊性特点，不同学科有着不尽相同的创意思维方式，各设计领域可将创意思维转化为其需要的思维方式，从而对设计创意和方案的产生起到推进作用。以下几种关于创意设计的思维方式对商业空间展示设计影响比较大。

### （1）联想的思维方式

商业空间展示设计过程中常会运用联想手法，通过某一具体商品的展示而诱发联想，这种有目的性、方向性、形象性和概括性的想象过程能够使设计主题得到拓展和升华。联想的思维方式主要包括以下几种。

#### 1）接近联想

即通过某一事物想到与空间相关联的设计元素，并产生新的思维方式的过程。上海ASA时尚概念店，通过疏密相交的竖向铸铁管来进行空间分割，模拟建造出充满现代科技美感的购物环境。店内四周使用特殊发光膜墙体创造出超现实感的斑驳光影效果，竖向线条上安置了带有科幻感的UFO状圆盘作为展示台面，使顾客能迅速得到该品牌服饰科技含量极高的信息联想（图4-1-4）。

#### 2）相似联想

商业空间展示设计时对相似事物进行回忆，由此受某种心理影响进行关联设计。Callme MOSAIC书店设计紧密围绕年轻人的阅读体验展开，以当下流行于年轻群体的弹幕文化为灵感，让深浅各异的紫红色C字形书架，从格子状书柜中凌空悬挑而出，迎合了年轻人喜爱的阅读体验和趣味性氛围（图4-1-5）。

> 图4-1-4　上海新天地ASA时尚概念店

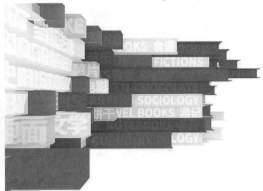

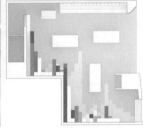

> 图4-1-5　以流行于年轻群体的弹幕文化为灵感，让顾客体验一种空间式的"平行阅读"

### 3）对比联想

由反向思维产生对该事物相反方向的联想，由某一设计手法或元素联想到与之相反的相关设计内容。例如在展示设计中，运用黑白对比的方法，或者运用冷暖对比的手法，都属于对比联想。

阿姆斯特丹Frame Magazine新店室内设计，设计师打破传统店铺的模式，大胆采用黑白二色进行搭配。白色的墙壁、天花和地面设计，让空间显得宽敞，而大小不一的白板被整齐地排列在地面或悬挂在空中，让人产生探索欲望，白板反面是纯黑色商品展示区，黑白搭配，刺激人的视觉神经，整体方案设计运用对比联想的创意思维（图4-1-6）。

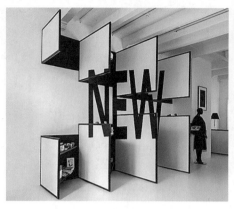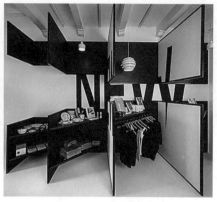

> 图4-1-6　运用黑白对比手法的阿姆斯特丹 Frame Magazine 新店室内设计

#### 4）因果联想

由因果关系产生联想的创意思维方式。厦门糖丁儿童摄影中心，以其倡导的在愉悦玩耍中拍摄为出发点，将对儿童的全方位关爱理念植入整个空间的展示设计中，让使用者以轻松的姿态去探索每一个空间。通过柔和、雅致的造型、色彩，营造出具有梦幻感和故事性的空间氛围，使顾客能够体验到重温童梦之旅的感受（图4-1-7）。

> 图4-1-7　结合动画元素设计具有梦幻感和故事性的摄影中心

### （2）想象的思维方式

想象的思维方式是指在心理活动的基础上，将已有的设计元素通过发散思维创造出新的形象。想象又分为无意想象的思维方式和有意想象的思维方式。

#### 1）无意想象的思维方式

设计者事先没有预定目的和设计思路，在外界的刺激下进行突发性的想象而产生空间展示设计灵感，此灵感属于无意想象的一种。

#### 2）有意想象的思维方式

设计者根据自己的构思，结合环境中观察到的内容，进行独立的、有意识、有目的的想象和创造。有意想象又分为创造想象和再造想象。

① 创造想象是指完全由设计者独立想象出来，完全表达个人的情感和设计理念，不与当

前已有的设计相联系，而创造出一种新的设计形象，或是指向未来的比较先进的设计理念的创意性思维，比如概念性设计。首尔Andersson Bell旗舰店，基于幻想森林概念，颠覆主观性和客观性的标准对立，空间展示设计利用材料冷硬、厚重的特性，进行纹理柔软、粗糙的感知对比，在布局紧凑的空间中营造出一种怪诞奇幻的视觉效果（图4-1-8）。

> 图4-1-8　首尔Andersson Bell幻想森林概念店

② 设计者根据现有事物，进行语言表述或某种文字、符号、图样示意等非语言描绘，在头脑中形成相应新形象的思维方式为再造想象。将再造想象的内容巧妙地运用到抽象或具体的设计手法中，能够产生心理共鸣。例如在某些体验性商业空间展示设计中，人们可以置身于空间中，对商品进行体验或使用，从而产生一定的想象。

南昌VR之星·虚拟现实主题乐园，设计师将空间节奏感作为空间设计的重要环节，利用空间尺度、光线、材质变化对科技、未来、设计进行解读，为游客带来充满科技感的丰富感官体验。大厅既作为人群密集的流通空间，又成为室内体验的门户，是设计的重要节点。设计师将前台以"岛"的形式安置于大厅中央，形状如未来飞船，中心设置屏幕，向过往游客传达服务信息。整体空间以白蓝灰为主色调，材质细腻而富有变化（图4-1-9）。

> 图4-1-9　南昌VR之星·虚拟现实主题乐园

### （3）解构的思维方式

在想象和联想的基础上，把设计思想转化为具体实践过程，进行设计要素或设计素材的收集整理，在此基础上进行加工分解或者重组，这种方式为解构的思维方式。

一方山水：画王·大理石展馆设计，将古画中所描绘的山的路径及形态进行提取、解构、重组，用碎石精心营造出游览路径，令观者在游走中重拾儿时山林间玩耍的童真和乐趣。场地内的空间与场地外的场景分为雅俗不同的设计意境：雅则收之，俗则屏之，若虚若实，若即若离（图4-1-10）。

> 图4-1-10 用石头堆砌的一方山水——石林小院"共生"形态展馆

### （4）同构的思维方式

在解构的基础上，将不同的设计素材进行再整合，形成新的形象称为同构。

汕头Danilo艺术涂料展厅，设计师通过同构的思维方式将相互依存、互为阴阳的自然法则用水与土的微妙关系表达出来。整体方案用弧线贯穿于设计中，以游园为动线，用独特的艺术手法表现出水与涂料融合而成的不同肌理质感，通过各种质感形成的不同场景组合，令体验者产生好奇、探索、惊喜的感受（图4-1-11）。

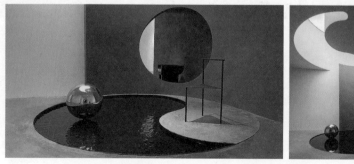

> 图4-1-11 水与土融合成形的Danilo艺术涂料展厅

# 4.2　商业空间展示设计创意与主题

设计创意是商业空间展示设计成败的决定性因素，一个恰当的创意能够正确指引整个方案的设计过程。而设计主题是体现创意优劣的中心环节，商业空间的展示设计和其他视觉设计一样，需要确立一个明确的主题。主题内容清晰、生动，能够有效地宣传商业空间所展示的商品，更易打动人心。

## 4.2.1　明确设计目标及主题定位

商业空间中展示设计对象的尺度、规模与展示行为本身决定了设计目标。主题的定位也包括两方面，一方面是商家原本确定的展示意愿，集中体现在商品销售环节，对此设计者结合商品的背景、特征，采取与之相适合的主题、环境及销售方式进行主题设计；另一方面是在确定商业空间展示的设计目标后对整体设计概念的定位。在这个过程中，设计师进行头脑风暴，产生一个甚至多个设计想法或灵感，再对这些设计概念进行整合，提取设计重点，明确方向，最终形成完整的设计思想。

北京耐克活动展厅紧密结合活动主题——足球，向观览者传递耐克品牌"精准""迅捷"的特征。设计理念从嘉宾罗纳尔多在球场上的张扬力量、不羁风格、飞驰速度中获得灵感，选用活力十足的铜色线条设计衬托出品牌的速度和力量，也使"急速隧道"成为整个展览中最炫目的焦点（图4-2-1）。

> 图4-2-1　体现足球的速度与激情——北京耐克品牌活动商业空间展示设计

## 4.2.2　同一主题的不同表达方式

一个有创意的主题的确可以吸引更多的消费者，围绕着同一个设计主题能够进行不同的表达，比如功能性表达、环境性表达、文化性表达及影响性表达等。因此在同一个商业空间展示的设计主题中，表达的方式并不是单一存在的，通常是不同的设计表达在同时起作用。

国际知名瑜伽品牌Vikasa Yoga的展示设计，利用标志性几何图形，选用泰国当地天然材料，将3D技术与当地制作工艺融合，把自然的主题带入城市环境，创造出模仿自然世界、传达生命无限循环愿景的空间氛围。另外，企业关于健康、养生和进化等的设计理念主要通过瑜伽品牌的功能、文化、环境等不同环节表达出来（图4-2-2）。

> 图4-2-2　品牌形象与企业文化相结合的瑜伽品牌Vikasa Yoga总部设计

### 4.2.3　同一主题的不同视觉效果

商业空间中的展示设计主题可以由同一主题的不同设计形式共同体现出来，这些设计形式具备系统性和协调性，表现共同的设计理念，以求设计概念的完整。在商业空间展示设计中，为了突出设计主题的重点和亮点，需要通过简化设计主题的造型结构，形成意念和视觉的转换，创造出不同的视觉效果，引发消费者关注。

一般情况下，商业空间的展示都是以平行的视角进行的，假如突破这个条框，从另一个角度来进行思考和展示，就会让顾客产生一定的新奇感。比如从展位的上层俯视下层的商品所呈现的视觉效果，或者是用悬挂的方式对商品进行陈列和展示，可以让顾客从不同的角度去观察商品。设计中需要反复思考，依据展示主题通过多视角来确定视觉触点，可提高陈列空间的层次性。对于视觉触点的处理，可以利用独特的色彩、图形或材质来制作新工艺，也可通过背景的弱化和其他次要展示信息的衬托来实现。

美国加州纽波特海滩打造了一间如教堂般华丽的品牌咖啡店，以独特的文艺复兴和巴洛克风格的水下摄影作品《凯瑟琳·卡丽与让的重聚》作为主题元素，通过展示设计将视觉体验扩展至既有的空间之外，将其转为3D图像置于天花顶上，顾客可以通过店内放置的3D眼镜从不同的视角观察天顶艺术品，完成一场前卫的视觉之旅（图4-2-3）。

> 图4-2-3　美国加州Stereoscope咖啡店迷幻的3D视觉体验

### 4.2.4 对概念性主题的再创造

商业空间展示设计概念的确定为设计确立了指导思想，找到了发展方向。这需要设计者根据展示主题和内容，将设计概念提炼成创意理念，从最初的概念逻辑思维转化到创新形象思维，从原始理念飞跃到创新意向，将新意向创意思维作为商业空间展示设计的依据。

在墨尔本大学设计学院"烟雾与镜面"的创意训练中，同学们汇集了《哈利·波特》中8个场景的概念资料、角色信息、场景描述以及参考图像进行尝试，以一种更加有趣的方式进行场景再现并产生新的场景，设计不同思维下的微缩模型和微缩场景（图4-2-4）。

> 图4-2-4 "哈利·波特"主题概念的场景再创造

# 4.3 商业空间展示设计内容与形式创意

商业空间中展示设计的内容与形式紧密联系、相互依存，共同影响着展示空间艺术效果。只注重形式表现，使形式与内容脱离，或者只注重内容传达而忽略形式表现，都不可取。

## 4.3.1 内容与形式的关系

商业展示内容决定表现形式和展示意向。商业展示设计的根本目的之一是传递商品信息。设计者通过合理规划两者之间的关系，使其相互配合，共同发挥作用，使消费者获得较准确的商品信息。

设计师接受任务后，首先应根据投资商提供的信息分析、确定需要展示的商品内容，并结合场地现状进行创意构思。这时存在头脑中的只是一些抽象状态的概念、意图和想法。选择采取何种具体表现形式，达到最好的设计意图，这是一个由内容向形式转化的过程。商业空间展示设计的内容对表现形式的选择产生影响并形成创作指导，设计思维是两者联系的关键。

商业空间展示形式与所表现的展示内容是否完美结合决定消费者观览效果，表现形式影响顾客对商业空间的第一视觉印象。成功的商业空间展示设计是展示形式与内容升华和再创造的体现，从内容升华而产生的形式可以使形式和内容形成最优化组合，但若只从形式入手，形式过于喧宾夺主或过于机械地适应内容，必然导致形式不能充分反映展示内容精髓，很难达到最优的展示效果。

## 4.3.2　内容与形式创意的具体方法

设计师通过空间造型、色彩、材料等方面的巧妙处理，营造出独特的商业氛围，使观览者精神愉悦地体验空间魅力的同时，能够轻松获取并接收展示信息。创意理念的产生需要借助一定的方法，这种方法不仅能确保概念与主题的统一、形式与内容的统一，同时它还能为宜人空间的创造和信息的有效传播提供保障。因此，了解并掌握一定的创意方法将有助于商业空间展示环境的创造。

### （1）基于内容的创意方法

基于内容的创意方法是在创作构思过程中紧密围绕一个非常鲜明的主题而展开，顾客根据商业空间中展示设计的视觉外在形象，领悟到某种内涵意义，从而激发和诱导消费，扩大产品知名度。

#### 1）直接展示

直接展示的应用对象就是商品本身，将道具背景减少到最小程度，无需过多的装饰语言，充分展现展品本身的形态、质感、样式等。这种直接展示的方法是一种自然的写实表现，可以达到直接、迅速的表达效果。运用单纯的布局彰显品牌简洁统一、冷静沉着的特性，使其在大众心中留下优雅而非华丽的印象（图4-3-1）。

> 图4-3-1　DEMOBAZA迪拜概念店

观察是直接展示的第一要素。观察一件商品可以从不同的角度出发，视点的改变会影响视觉的效果，故在直接展示商品时，应根据展台或展柜的高低、大小、景深等，将最佳的视点提供给消费者。

葡萄酒公司Portugal Vineyards的第一家实体店（图4-3-2），在空间的展示设计中以纯白为主色调，造型极简，不设任何隔墙，打造出一个完全开放的圆形商业空间。设计者参考葡萄园中梯田的形式，在弧形的墙壁上设计了一系列白色的展示架，无论身处于哪个位置，都可以360°观察到店内正在展示的葡萄酒，并快速了解到它们的种类。通过间接照明以及产品与空间之间的鲜明对比，最大限度地展示了各种颜色和形状的葡萄酒，为顾客们提供了一个清晰的展示空间。

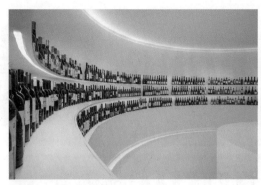

> 图4-3-2　葡萄酒公司Portugal Vineyards的第一家实体店

在直接展示的创意中，灯光的使用是展示的重要手段。产品的质感能够打动人心，吸引顾客消费，而质感的表现则需要光的协助。通常利用灯光照射产生不同的空间背景来烘托商品主体，使商品的视觉效果更加合理。另外，还要注意主体与陪衬的关系，不可喧宾夺主。

BOLON眼镜店每款眼镜的展示由托盘发射出的底光照亮，尽显其特有的色泽和质感，悬浮其上的竖直隔板上安装有LED射灯，使所展示的每款眼镜在光线衬托下格外醒目。而金色天花板使整个空间光芒四射，让人想起阳光明媚的室外风光（图4-3-3）。

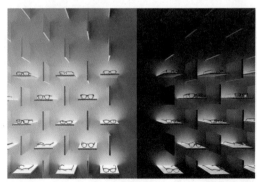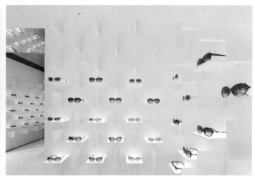

> 图4-3-3　BOLON眼镜店

### 2）设置情节

情节是根据一个主题构造出来的生动环境，能使观者有"身临其境"的体验，从而可以更好地参与到主题情节中去。在商业空间展示中，要求情节内容精炼明确，展示语言概括，追求以一目尽传的效果，达到此处无声胜有声的艺术氛围。

设置情节要求主题构思与产品拥有某种主观联系，通过观赏这些商业空间的展示给消费者以认同感，从而将自己也介入情节之中，不知不觉地去体验、使用这些商品。

墨西哥运动品牌店JIMJAMS致力于运动服饰的设计，整体空间设置了与体育运动相关的情节。将体育产业的近期事件融入展示设计中，寻求销售空间与运动理念之间的平衡。品牌logo被印在储物柜上，体育场座位则被用作顾客的等待区，教练常用的战术板结合品牌图案被转化成灯具，装配在门店的天花板上，整个店面给人一种体育运动场竞技比赛的体验（图4-3-4）。

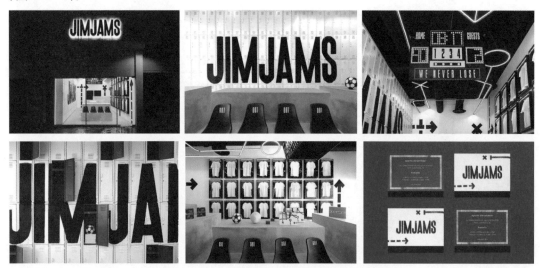

> 图4-3-4　墨西哥运动品牌店JIMJAMS

### 3）寓意表现

寓意表现手法最突出的特点是将展示画面的重点放在艺术形象上，要求形象和主题有内在的联系，通过大胆想象，寻找艺术形象与主题之间的共同点，通过具有寓意的形态或情节，使消费者产生心灵上的共鸣，在欣赏艺术形象的过程中进一步加深对商品的印象。

多少家具青岛店主要经营具有当代中国文人气质的原创家具及家居用品，门面运用国画《富春山居图》局部进行装饰，寓意品牌向中国传统文化致敬的态度，用低调的手法形象地表达了当代文人的情愫。室内主要墙面延用了浅暖灰墙纸，与低调的地板搭配，奠定了温暖、内敛的设计基调。柱子等选用水泥墙本色，耐用且朴实无华，流露出品牌沉稳和质朴的品性（图4-3-5）。

> 图4-3-5　充满中国传统文人气息的中式家具店——多少家具青岛店

#### 4）追求自然

现代工业材料充斥于人们生活和工作的各个角落，人们开始热衷于对原生态、本真自然环境的追求。将自然元素或自然场景借用到商业空间展示设计中，创造亲近、归真的自然风格，是目前商业空间展示设计中的一个重要设计理念。其自然风格的设计内容主要通过以下几个方面来实现。

① 自然元素借用。在商业空间展示设计中直接借用自然界中的沙石、树、木、水、草等元素，作为展示道具、陈设品等装饰空间环境，辅助展示情景的自然气息表现，丰富空间氛围。

② 自然场景营造。为展示和信息传达需要，在营造自然场景时，可以将自然界的原有材料进行再加工处理，改变其存在方式或组合形式，为商业空间展示设计服务。

位于广州的来回咖啡厅，以"室内森林"为设计灵感，将十根不同位置的树干布置于空间中，为顾客创造出"森林"的视觉体验。树干的设置犹如空间分割线，既是隔断，又是视觉中心，营造出树木自然生长的森林场景（图4-3-6）。

> 图4-3-6　回归自然初衷、具有艺术气息的来回咖啡厅

#### 5）地域文化

依据展示的主题或内容，从地域文化中发掘、提取有用的元素进行设计重现，创造出富有地域文化内涵的空间形式。对商业空间展示设计而言，需挖掘企业文化，将其与地域文化结合，转化为空间视觉设计要素。常用的设计手法有以下几种。

① 借用地域符号。借用某种地域元素符号表达相关的展示主题。一般将具有地域性特征的文化符号、装饰元素直接或间接地运用到展示空间，以凸显其地域特色。

昆明大悦城优客工场设计，通过分析云南特有的地域风格，借鉴极具特色的梯田、竹楼及形成的聚合式布局形式，将这些元素与工场中的现代功能相结合，形成了集中式共享展示空间布局。竹楼等元素在公共展示区域延伸，结合对当地竹材料的运用，充分传达出昆明大悦城的现代与地域特征（图4-3-7）。

② 选用典型的地域元素。选用具有典型性的地域文化或景观元素，采用抽象、概括等手法将其运用到商业空间展示设计中，增强其信息的识别性和认知性。

> 图4-3-7　昆明大悦城优客工场——"空中竹楼"

　　重庆苏宁极物旗舰店，因地制宜，以穿梭城市间的轻轨、悬挂崖边的吊脚楼、黄桷树等典型的地域元素为设计主题，注重优化场景体验感，形成万家灯火，流光溢彩的山城街市情景，利用轻轨轨道由外向内蜿蜒行进，指引消费者进入店内享受闲暇时光与智慧零售的科技感，使购物体验更具趣味性（图4-3-8）。

> 图4-3-8　苏宁极物旗舰店的一站式沉浸购物体验

### 6）抽象构成

　　商业空间展示设计的抽象构成是对某些具体形象，运用科学秩序、形式法则等手段进行意象化处理，使之转化成一种"有意味的非常态形式"的过程。抽象艺术的表现形式可以分为两大类。

　　① 简洁化的抽象：对自然形象经过提炼、归纳，以概念的、象征性的图形来塑造简洁、概括的表现形象。用这种抽象的形象组织画面时，要着重表现节奏、条理及比例协调的形式美。位于香港的K11 MUSEA—尚门买手店，以未来人类文明考古为视角，用抽象的设计形式，讲述工业残骸重构并重生的故事。以环保和海洋为设计灵感，融合深海的神秘感和工业

废墟的科技感，构建出潮流摩登风格的服饰鞋包专卖店商业环境。工业风格的装饰令整层建筑空间呈现出海底工业遗迹般的独特视觉感受（图4-3-9）。

> 图4-3-9　香港的K11 MUSEA一尚门买手店

　　② 几何形的抽象：以点、线、面为造型元素，运用方、圆等几何形作为图样构成的基本形式，进行穿插、重叠、并列等有节奏的秩序编排，形成近似、渐变、放射、变异等富于美感的抽象几何形图案。以这种表现形式设计商业空间展示背景装饰纹样，具有简洁、醒目并富于现代感的视觉效果，常运用在个性化较强的商品空间陈列装饰中。杭州黑壳HEIKE服装概念店个性十足，店面中大型柱体架空的黑色斜面体块，占总面积50%左右。斜面在灯光下产生大理石般的光泽，几何抽象的空间展示设计造型叠加出储藏室、试衣间，设计作品展示区、楼梯通道等功能性空间互相融合，隐含在黑色几何斜面内，扮演着空间中景观的角色（图4-3-10）。

> 图4-3-10　黑壳HEIKE服装概念店展示设计中几何形的应用

### 7）夸张变化与幽默表现

商业空间所展示的商品或道具一般按照人的标准身高和常规视平线高度进行设计展示，陈列空间具有普适性美感。为形成强烈的视觉冲击力，在商业空间展示中有时也会打破基本的人机工学尺寸进行放大或缩小表现。运用夸张的形式来进行陈列设计，能让消费者耳目一新，产生奇特的心理感受，增强作品的艺术效果。

幽默表现是从反向中寻求突破，形成一种打破常规的幽默表现形式，引导人们冲破传统思维的束缚，以别具一格的方式进行大胆处理，产生别样的艺术感染力，从而使顾客加深对商业空间展示设计的印象。

西安Qimoo童装品牌店的设计，颠覆了以往传统服装店铺分散布置的格局，采用夸张的设计手法。整个空间以"种子"为中心，所有元素都从其中自然生长而出（图4-3-11）。通过集各种功能为一体，又高度统一的"种子"概念，开创了儿童服装店铺的全新体验。变大的种子形象来源于儿童视角中隐含的卡通般的幽默，引人注目的外形和独特的购物理念让所有到访者眼前一亮。另外，店铺还专门设计了孩子玩耍空间，让孩子们在购物的同时获得更多乐趣。

> 图4-3-11 变大的"种子"服装店

## （2）基于形式的创意方法

### 1）常态改变

打破常规，改变常态，颠覆人们的视觉和审美规律，满足人的猎奇心理。这种方法追求变化，颠覆传统，所创造的空间不是追求优美和协调，而是创造惊奇和震撼。通过这种方法创造的商业空间展示会给人留下深刻的印象，信息传达更加深刻。体现在具体的方法上，常通过空间结构或类型的非常规处理，结合空间光线、色彩变化以及非常规材料的选用等构成特殊的商业空间氛围。

梵誓苏州钻石诚品店，摒弃传统珠宝陈设方式的独立和单一特点，以获取宝石的过程为设计点，在60平方米的空间中打造互动展示效果。改变以往店面以白色为主，木色搭配，相对空间比较均质的设计风格，整个展示空间运用深灰色石材进行包裹设计，一条银色纽带在空中飞舞，如同深黑色珠宝盒中散发异彩的钻戒，整个设计风格一反常态，令人回味（图4-3-12）。

> 图4-3-12　苏州具有矿洞神秘色彩的梵誓苏州钻石诚品店

### 2）疏密变化

商业空间展示设计中，通过形态、结构、造型、展品陈列等的疏密对比处理，可创造出富有节奏的空间形态和氛围。疏密是产生对比的重要方法，也是产生空间张弛变化的重要手段，考究的疏密处理必然为展陈空间的设计增色。

### 3）明暗与光影

光能塑造空间品质，明暗光影的变化不仅创造了梦幻般的空间效果，还可以创造一定的美感形式。在展示设计中有意识借助光的变化营造氛围时，光就会变成一种富有传情达意的形式美感的语言。商业空间展示设计中，光影明暗的变化与布光的方式和角度有关，不同的布光角度能产生不同的光影美感。我们可以通过对光的重复排列、组织以及光色的节奏变化来实现商业展示中的形式美感处理。

在成都"THE REPUBLIQUE 卅界"买手店中，光线透过外墙的玻璃砖透进室内空间，使空间变得整体而通透。墙体的黑白两色形成明显对比，突出了空间明暗关系的变化，而通过光与影分隔出的室内和室外空间，为顾客呈现出了完全不同的观感（图4-3-13）。

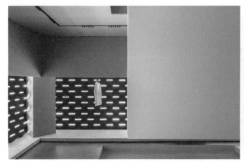

> 图4-3-13　成都"THE REPUBLIQUE 卅界"买手店的墙面光影效果

# 4.4 商业空间展示设计创意表现

## 4.4.1 品牌强化设计

### （1）以品牌为中心

每个品牌都具有个性化、独立化的形象特征，以期获得独立的生存空间，争取更多的消费者。对企业而言，其品牌一旦被确认，则一切与之相关的信息传递都必须以其为中心。商业空间展示设计是品牌设计的载体，能够强化品牌形象，因此，在商业展示中需要以品牌为中心，遵循品牌的设计理念，既突出产品的个性特点，又符合品牌整体策划。品牌专卖店，常利用品牌标志性的装饰图案，在店面设计、陈列装置等方面反复出现，不仅延伸了品牌文化，而且也强化了品牌形象。如古驰（GUCCI）旗舰店设计注重展现企业奢华高贵的气质，金黄的颜色与设计形式给人们带来无可挑剔的华丽印象。店面整体和谐，印着成对字母G的商标图案及GUCCI金色字样醒目地出现在商店内外，强化了企业品牌的奢华主题（图4-4-1）。

> 图4-4-1　古驰品牌旗舰店的经典金黄色元素应用到店面及室内，强化品牌形象

### （2）准确定位

商业空间展示设计的前期工作首先应对展示主体商品进行深入了解，确定产品种类、销售价格定位等。产品定位可以确立品牌或产品在消费者中的形象和地位，而这个形象和地位是商品与众不同的特征，它赋予了产品特定的个性。

迪奥（Dior）具有法国时装文化的最高精神，以其经典的女性大裙摆造型为设计灵感，将华丽高雅、激情时尚等符号融入设计，展现出完全契合其品牌理念的专卖店形象。雕塑般隽永的白色体量在阳光下肆意伸展，白色混凝土面板划出一道道曲线，形成丰富的层次，众多的商品展示则隐藏在精致褶裥之内的空间，令人向往。整个设计既让人感受到品牌所崇尚的纤细华丽风格，又流露出品牌始终遵循的传统女性的高贵气息（图4-4-2）。

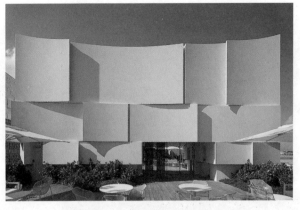

> 图4-4-2　超高密度混凝土和大理石粉等现代材料打造的迪奥专卖店

## 4.4.2　人性化设计

任何一种商业空间展示，都是"人为"的，同时也是"为人"的，人是空间的创造者、使用者和分享者，也是空间的主体。因此，现代的商业空间展示设计应遵循空间中消费者的各种需求进行设计，坚持以人为本的设计理念，从而实现信息的有效传达。

人的更高需求的满足是对人的关怀和尊重。比如在某展示空间中，台阶附近安置软性材料的座椅、无障碍设计、免费食用的点心及设置饮水设备等，都体现了对人性的关怀。这些虽然没有成为空间中展示设计的主题，但无形中体现出人文关怀的气息，潜移默化中影响和感染着每一位顾客，使商业性空间有了人情味，受其影响，消费者自然愿意接受其中的产品信息，无形中促进了消费。

## 4.4.3　互动设计

随着互联网的发展，人们有了获取展示信息的更多方式，网上展示具有更强烈的时效性，而且省时省力。线下商业空间中的展示设计则有更强的公共体验和互动交流，使参与者通过现实接触和交流，全方位、多维度、多感官地获取信息。人们喜欢参与展示的重要原因是能够亲身体验到公共活动的体验性、参与性和娱乐性。

久盛木地板的空间展示从中国传统的山水画中提炼设计灵感，使用深浅不同的地板描摹出有水墨晕染效果的层峦叠嶂般的高山模型，将展示地板产品与游览群山的体验进行融合，将常规展品融入山体，分布于几何形步道附近并成为视觉焦点，引导顾客时常驻足触摸地板纹理，体验木材的温暖，并在攀登木山的过程中加强对企业文化的进一步了解（图4-4-3）。

互动与交流所产生的体验感受是顾客获取商品信息的最有效方式之一。商业空间的展示设计为人们提供了特殊的交往和交流空间，有的商业空间展示将公共活动区域室外化，区域周围融入休憩和餐饮业态，使人们有了共享用餐、购物和放松休息的场所，其意义在于激发消费者感官的深层次体验，营造出能够给参与者带来深刻体验的空间环境。

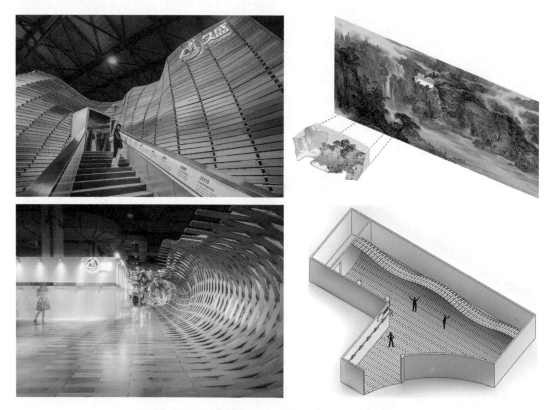

> 图4-4-3　久盛木地板—利用"攀登"的木山与观者互动

　　厦门茶素材茶博会展厅设计改变以往展品陈列和销售形式，把茶的相关素材在54平方米的展位空间充分分享出来，为整个茶博会做一个"公共客厅"—"集市"。为了打破内外界限，"小房子"的南北向完全打开，迎向走道，消解了边界感，形成自然流动、通透自由的空间。另外，再将其中一面封闭的墙体打开，在外侧设置长椅，路人可以随时坐下休息。围合空间营造出具有安全感的商业展示氛围，开放空间则增强了顾客间的互动交流（图4-4-4）。

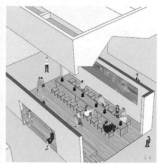

> 图4-4-4　茶博会中的"公共互动空间"

　　现代科技发展为商业空间展示设计提供了互动交流的条件，使信息传达在有限的空间范围内，通过智能技术得到更直接和详尽的互动支持。因此，公共体验的互动设计在商业空间展示设计中逐渐被关注。

## 4.4.4　沉浸式设计

沉浸式体验是指通过科技手段完成模糊物理世界与数字、模拟世界之间的界限,从而营造出沉浸其中的体验过程。从虚拟现实游戏到数字艺术展览,时下的消费体验已经越来越趋于"沉浸式"设计。沉浸是一种空间边界模糊、时间感消失、个体限制似乎被消解的神奇体验,具体可以理解为多感官、高强度的综合体验,展览内容和氛围的强烈干预。沉浸式设计一般表现为主动操控环境和对象的参与度。

随着商业竞争的加剧和科技的飞速发展,商业空间展示设计由最初简单的陈列设计逐渐步入强调信息科技传达与空间艺术造型联合营造的阶段。多维度的商业空间展示设计不仅可以更加准确地向参观者传递信息,还能主动影响参观者的心理感受。通过多媒体交互技术,观众可以更加主动、自由地游历于虚拟商业展示世界,并且根据自身需求及时准确获得相关信息。

北欧博物馆大厅的展示设计,运用沉浸式设计手法体现出北极地区生物的生存现状和不断变化的环境状态,以北极生存以及衍生出的生物为展示主题推动了整个展示设计的延伸。当碰到冰正在融化时,参与者能身临其境地见证生活在世界气候变化最显著地带的人类境遇,体验感极强(图4-4-5)。

> 图4-4-5　"北极气候变化"博物馆大型沉浸式展览

在商业空间展示设计中,绘画艺术作为二维艺术,通过艺术再创造,转化为多维的艺术空间,利用人的认知和感官体验,让参与者沉浸在其中,感受令其印象深刻的特殊氛围。

深圳"橙舍的画"展示设计中植入"艺术秘境"作为新的观画体验(图4-4-6),在保证了展示功能的同时,重塑了空间的几何形态。"艺术秘境"仿佛存在于展厅中另一个维度的空间,其设计更加体现了对"画"这种艺术载体展示方式的多种可能性。该设计将再创造的艺术墙纸,利用天花的光影效果和地面上的镜面反射,创造出魔幻的超现实主义场景:向上是奇幻的光影视觉体验，向下则形成深邃的失重体验，使寻常的观展过程成为了一种多维、多感官的沉浸式体验。

> 图4-4-6 "橙舍的画"——"艺术秘境"中多维艺术的绘画展厅空间

## 本章小结

本章重点讲述了商业空间展示设计创意表达的相关内容，从创意思维的形成、创意主题的表现等角度详细介绍了商业展示过程中创意表现的主要特征。另外，还介绍了创意在商业空间展示过程中的具体方法，提出处理好展示内容与形式的辩证关系对整个商业展示设计效果的提升具有重要意义。

## 实训与思考

1.展示意境的含义是什么？如何理解商业展示设计中的意境表达是情景交融的体现？

2.商业空间展示设计中人性化设计的具体体现是什么？结合所熟悉的书店，尝试对其进行人性化再设计。

3.创意思维的思考方式有哪几种？

# 第5章 商业空间展示设计程序

商业空间展示设计涉及多门学科的专业知识和技能。一名合格的设计师需要具备较为全面的专业素养以及丰富的设计实践积累。商业空间展示设计程序一般包括商业空间展示方案设计、装修施工图设计两个阶段。

商业空间展示的方案设计是从商业空间解析到设计概念立意，从设计概念表达到空间形态形成，甚至空间设计图样表达的全过程。其基本构思过程为：空间解析—功能组织—立意构思—细部构思—整体完善，具体包括场地分析、消费者分析、品牌定位、设计概念生成、深化设计、方案表达、细部构思与陈设配置等。

设计师经过长期的设计实践总结出一套商业空间展示设计程序，具有一定的科学性和规范性。项目的设计按照设计程序进行，可为后期工作顺利进行提供依据和指导，同时，可以加强和完善工程项目各方面的相互合作，确保设计工作的质量和效率，最终完成一项优秀的商业空间展示设计。本章将以实际案例——新华书店领秀城体验店设计为例，分析商业空间展示设计的具体程序。

# 5.1 设计调研

商业空间展示设计是涉及面较广的空间艺术创作过程，有明确的目的性，其最主要的目的是追求最大的经营效益。项目在设计前，需要对所涉及的商业空间场地、消费者、品牌定位进行充分调研，分析其空间构成及环境设施现状，了解市场需求、周边群众的消费心理等内容。另外，还要对已经建成使用的相关项目案例有所了解，从装饰材料、装饰配件、商业家具、灯光照明、消防疏散设施等方面进行调查研究，留意观察其采用的新材料和新产品，把握商业空间展示的时代潮流。

## 5.1.1 场地分析

商业空间展示项目基地分析在商业发展战略中是一个重要环节，需从商圈地理分析入手，综合自然地理、人文地理各因素，以确定商业空间展示设计的最终定位。

### （1）空间场地初步分析

① 可达性分析。指的是周边交通关系，即交通便捷程度，以大致确定商圈的范围。这主要取决于购物者从起点到购物地点的距离、时间和费用。分析时，详细列出各种交通情况的趋势，通过人流量得出限制下一步设计的一些因素，诸如行人和汽车、停车场、避让要素（高速公路和轻轨的噪声回避等）、初级和次级入口等。要注意，可达性不仅依据交通空间距离，还有不同交通工具所需的时间距离。总之，要将设计范围放在其周边的区域关系内对设计场地进行定位分析。

新华书店领秀城体验店位于济南领秀城贵和购物中心一层，地处济南南外环，紧邻二环东路高架桥、省103国道，交通便捷。基地出入口明确，有地上、地下两个机动车停泊场，停车方便，能够做到人车分流，有独立的自行车停靠区，周边2～3公里内有数个中高档社区，群众步行、骑车、驱车皆方便到达（图5-1-1）。

② 相邻竞争者分析。确定项目在整体区域中的定位后，分析周围土地性质，确定其他类似项目的分布情况、围绕半径、服务范围和服务群体，更重要的是为下一步确定项目的构成找到依据。一方面，在同一商圈中应尽量避免"同质化"竞争，积极占领细分市场，形成特色经营；另一方面，并入同类专业商圈，产生"规模效应"。

新华书店领秀城体验店地处鲁能贵和商圈内，附近有中高档居民社区、学校、企事业单位等。经调研，周围暂无较为大型的书刊类商业空间，居民对复合型书店有较高的诉求，项目在此落地，能够有效避免"同质化"竞争。

> 图5-1-1　项目基地现状

## （2）空间场地实地调研

对即将设计的空间进行初步场地分析后，下一步就是项目实地勘测阶段，通过这一过程可获得项目现场的第一手资料。后期的设计工作以现场的调研信息作为基本设计依据，换句话说，前期的调查研究直接影响了项目后期的进行，而且设计师的创作思维也会因此受影响。

进行项目实地调查和研究，应侧重于以下几个方面。

① 商业空间的地理环境，包括地形、地质、地貌等。

② 商业空间的气候条件，包括温度、气压、日照、湿度、降水等。

③ 商业空间领域的人文因素，包括当地人的习俗性格、人群的生活水平、人流量等。

④ 商业空间中的空间规模，包括规划区域、建筑高度、开间进深等。

⑤ 商业空间的交通状况，包括车辆类型、信号设置、道路设置、人行道设置等。

⑥ 商业周边配套设施，包括商业设施、公共设施等。

对新华书店领秀城体验店项目的建筑场地进行现场感受，测量场地具体数据，主要包括：基地总面积，楼板距地距离，梁下距地距离，所有墙体、柱子、门窗、楼梯、强弱电设备、暖通设备等建筑及配套设施的具体位置、尺寸、形状等数据信息。如若已经获得该商业建筑原平面图、立面图、节点图等施工图，此时，仍需依据现场进行现场复核，以确保信息的准确性（图5-1-2）。

> 图5-1-2　现场勘察

## （3）市场调查和研究

现场实地勘察阶段之后就是市场调查阶段，此阶段也可以与现场勘察同时进行。市场调查和研究的具体对象是商业空间规划项目周围的社会因素和文化因素，具体包括四个方面。

① 明确商业空间的功能定位，这将决定商业空间的实力。

② 为了避免设计的雷同和重复，在商业空间规划的环境中展开对商业空间的调研，包括社会评价、商业条件、空间布局、设计风格、路线规划、消费类型和公共设施等。

③ 针对商业空间规划的民族因素、地理环境、区域文化因素等，展开相应的研究，以便将当地文化特征融入商业空间规划的设计中。

④ 对消费者的心理感受、需求及行为模式等展开市场调查，使商业空间规划的消费水平可以满足当地民众的功能需求、精神需求和心理需求。

场地的分析除了要对周边环境进行调研分析外，还要对设计空间具体所在的建筑进行勘察，深入了解商业建筑的内部空间构成。准确的设计定位还源于设计者对商品与消费者特征的详细调研，了解即将营销商品的品牌特征、企业文化内涵、商品品质及使用人群等与目标消费者以及区位特征的匹配度，是使商业空间环境设计实现人、商品与环境有机统一的基础。新华书店领秀城体验店附属于多功能商业综合体的贵和购物中心，地处黄金地段，依托于较大商圈和居民区且周边没有较大书店，可分析出此书店设计应适合不同年龄段的消费人群需求。经调研后发现项目基地现状与甲方要求的书店设计向多元化、多功能方向发展完全契合，考虑到书店的空间设计风格要与周围商圈环境相适应，能够初步确定新华书店旗舰店的呈现形式。

## 5.1.2 消费者分析

消费者是商业活动的中心，是第一消费推动力，消费者的需求变化规律指引着商业展示主题的不断变化与发展。可以预见的是，消费者的个性需求会吸引更多的经济力量，而对于消费者心理满足的关注正渗透到商业空间展示设计的方方面面。下面运用第一章中消费心理的相关理论知识，从消费者的年龄、性别、区域、购买动机四方面对本项目相关内容进行分析。

### （1）不同年龄人群的消费行为分析

① 年轻人（包括青少年及儿童）。年轻人一般时间和精力都比较充沛，对世界充满探索与尝试的心理，购物、观看、体验和交往都是他们感兴趣的。他们对书店活动的参与性和空间设计的新颖性要求较高，希望得到更多的交往和娱乐空间（图5-1-3）。

> 图5-1-3 筑蹊生活主题书店

② 中年人。中年人一般工作和家庭负担较重，时间或精力有限，对参与性的娱乐、交往、体验等活动的兴趣较少，他们往往期待书店展示以实用性为主，关注环境温馨度，喜欢享受阅读悠闲时光（图5-1-4）。

> 图5-1-4　意大利BRAC书店

③ 老年人。老年人常处于退休状态，往往感到比较寂寞。为了消磨时间、消除孤独感，他们一般喜欢参与社会活动。老年人在书店消费中不是主力军，活动主要以休息、感受和交往为主，伴以少量的消费。

### （2）男女消费方式和消费心理分析

① 女性消费的计划性与目的性相对男性而言较差。大部分女性在前往书店之前，往往没有明确的消费目标和计划，在逛的过程中如果发现消费目标，或受到消费诱惑，便可能产生消费愿望。男性则相反，在前往书店之前，往往已有明确的消费目标和计划，在选购过程中很少受到计划外消费的诱惑，通常是先把计划内的事情办完、商品购齐，如有剩余时间再随便逛逛。

② 女性的消费决策比男性慢。通常，女性在购物时喜欢仔细挑选、反复比较，才下决心购买。男性则只要觉得商品的质量和服务令其满意，通常不会对其他商品或购物场所进行过多的比较，购买决定做出得比较快。

③ 女性喜欢结伴而行。调查显示，在书店空间中结伴同行的大多以女性为主，其中两人同行的比例占72%，3人结伴的占21%，4人及以上的仅占7%。这说明两人结伴是最常见的女性购物方式。

### （3）不同购买动机的消费者类型分析

①"求实"型消费者。求实动机的核心是"实用"和"实惠"。这类消费者注重实用和经验，不易受广告等外在因素影响，看重商品本身的性价比和环境的舒适度。如图5-1-5巴西某书店，空间展示设计不做过多装饰，以实用为主。

> 图5-1-5　"求实"型书店空间

②"求新"型消费者。求新动机的核心是讲究展示空间设计，重视商品美感。这类消费者以女性和文化界人士居多，书籍种类、书店功能对他们具有很大的吸引力，展示环境气氛强烈影响着他们的购买欲望。如图5-1-6湖北省外文书店面积约1万平方米，一改传统书店的设计风格，整个设计采用光锥造型，光线从屋顶贯穿整个楼层直达一楼。光锥是中心，它的四周是书的世界。围绕光锥的是书店的核心区，自一楼开始分别是城市艺文客厅、24H书房、童书馆、未来书店以及屋顶展示珍稀书籍的藏书阁等，满足了不同人群的消费需求。核心区两翼是书店衍生的和生活有关的空间，从地下室开始是创意美食区、文创区、咖啡吧、生活科技展览区、茶馆、微型美术展览馆等。外文书店不仅仅是个书店，更是个文化生活的美学综合体。

> 图5-1-6 "求新"复合型的湖北外文书店

③"癖好"型消费者。癖好动机的核心是"嗜好"。购买行为更为理性，指向更稳定和集中，具有规律和持续的特点。他们对展示空间环境要求也比较高。如图5-1-7所示的Harbook书店设计，为吸引新一代的都市人群，将新生活方式元素融入其中进行设计，为了加强书店设想的城市景观主题，在空间中设置了类似抽象雕塑的独立展示空间，将空间中的用色和后现代风材料混搭，削弱了书店内的古典元素。Harbook以各个不同的家具展示空间为特色，具有书店、咖啡厅和展厅功能，整个设计充满了梦幻、活泼的氛围。

> 图5-1-7 设计新颖的Harbook书店设计

商业空间展示设计的重点就是要激发消费者的这种"犀利动机"。设计师不仅应该了解消费者的购买动机，而且要通过展示环境的设计激发起消费者的消费行为，从空间的处理到内部装修以及商品陈列、柜台摆放等环节处处用心设计，这也是实体商业销售空间在受到网络便捷购物冲击下的优势所在。

## 5.1.3　品牌定位

企业背景与特色文化是商业空间展示设计的重要参考依据，有助于提高商业空间展示设计的文化内涵，为设计思路、主题、概念以及表现手法提供更多可能性。能够体现企业文化的商业空间展示设计，在设计效果上更容易获得大众认同感，在情感上则更易于获得共情，从而提升品牌的综合影响力。

### （1）商品品牌体现企业文化内涵

随着市场经济的日益完善，企业之间的竞争将更多地表现为品牌文化的竞争。品牌的核心是注重文化内涵，创造自身特色。品牌的定位决定了商业空间展示的定位，一个完整的可持续发展的商业展示空间不仅要在品牌上找准定位，而且更需要进行周期性的品牌定位创新。品牌定位要跟随市场经营状况的变化而适时进行战略调整，品牌的内涵与形式需要不断修正，以确保品牌更贴近消费者，贴近市场。书店是一处传播文化的特殊商业展示空间，文化内涵与深度对空间设计的影响更加深刻。

新华书店领秀城体验店隶属于济南市新华书店，拟依据市场需求，在原新华书店设计理念基础上打造新华书店新形象。因此，此项目的品牌定位需要依据新华书店的有关资料。经查询得知，新华书店是最大的国有实体店品牌，主要宣传与发售官方刊物，1937年成立于延安，以毛泽东手书"新华书店"店招作为标识，成立以来始终传承红色基因，分店遍布全国各地。在如此浓厚的企业背景下，如何将具有八十多年历史品牌的书店进行创新，打造出深沉、富有内涵且符合现代人审美需求的新华书店新形象，成为此次设计重点。因此，需要对其品牌文化特色进行深度发掘，以体现书店的文化商业空间特性。新华书店悠久的历史，丰富的发展历程，为本案提供了厚重的文化底蕴，对文化深度发掘与分析以提取书店沉稳内敛的文化气息成为设计主要思路。新华书店作为一个老字号企业，仅在济南的分店就将近几十家，除了要体现出书店统一的深刻文化内涵外，还需要及时创新，体现文化的包容性，以迎合现代人审美与消费群体实际需求。

### （2）品牌定位下的功能性特征

通过找寻设计意向图调研相关案例，不难发现，书店类商业空间展示设计为了符合品牌定位，一般要体现三个主要功能性特征：展示性、服务性、艺术性。

① 展示性。人们所向往的书店在展示图书的同时，越来越追求阅读空间与文化体验空间的融合，书店的展示性功能不仅仅是对所售卖图书的展示，更多地要考虑可诱发消费者与书店创意互动的共同展示空间，可考虑将文化融入其中。如图5-1-8西安迈科商业中心书店，以Library & Gallery为设计主题，将西安深厚的文化底蕴融入空间展示设计中，打造出促进东西方交流、文化融合、人与书邂逅结缘的展示空间。

② 服务性。当代书店的服务功能不再仅限于图书售卖，还需兼具提供讲座、餐饮、交流平台、展览等多项服务，这也是目前书店空间设计功能的常态化。如图5-1-9深圳睿德文化书吧，将传统书店设计为集阅读、教育、茶饮等服务功能为一体的综合性空间。书吧的核心

> 图5-1-8　西安迈科商业中心书店

> 图5-1-9　深圳睿德文化书吧

功能是阅读。空间设计温暖明亮的木色将整体环境环抱，高层的书架恰似层峦叠嶂，高耸入云，书与茶的香气萦绕其间。

③ 艺术性。随着消费者审美的逐渐提高，将时尚的艺术融入当代书店的创意设计中，是书店空间展示设计发展的必然趋势。如进驻西单老佛爷百货的钟书阁，运用中国古典园林移步异景与阅读空间相结合的艺术手法打造出行云流水的空间布局，利用镜面折射及透视关系创造视错觉体验，圆形拱洞层层嵌套，极具幻妙之感。拱洞除具有空间连接作用外，还设计成摆书台陈设静物，甚至休息榻，为符号化的拱门赋予功能和美学双重意义。书店的文创论坛区利用极简的木枝来代替竹林，木枝中间设置图书陈列或海报展位，将读者的行动路径进行重新分解，仿佛漫步竹林，给人以极其微妙的艺术体验（图5-1-10）。

> 图5-1-10　西单老佛爷百货的钟书阁

商业展示设计中必须对展示品牌进行分析，挖掘品牌形象的个性和核心价值，使空间设计作为企业形象的有效延伸，既最大化地利用空间的价值，又可以保持品牌传播的统一性和连续性。另外，VR多媒体智能技术应用可以实现动态与静态、现实与虚拟一体化的空间环境，形成视觉冲击，使品牌与消费者产生情感上的共鸣，刺激顾客的购买行为。

# 5.2　设计方案

设计师借助空间营造商业展示氛围，通过将某些特殊设计元素提炼升华，对展示空间构思初步的设计意向，即概念设计。概念设计是空间设计方案的雏形，是设计思维落实纸面的关键环节。

## 5.2.1　主题概念生成

在概念设计之初，设计师应该明确消费者对商业建筑及其环境的要求，掌握设计要点。

### （1）主题概念设计要点

① 尊重使用功能要求。空间设计不能脱离其本身的使用功能而造成使用上的不便。使用功能包括满足商业经营与顾客活动的所有方面。设计师不能因为形态设计上的主观考虑，而牺牲功能要求，如过高的台阶会造成顾客行动不便，气派的开敞空间易使物理环境带给人不适等。

② 尊重环境特征。包括建筑或场地所在地的气候、文化、文脉关系、城市设计要求等多种因素。如北方地区冬季气候寒冷、南方地区夏季气候炎热，从保温节能的角度看，不宜采用大面积玻璃墙面；南方地区建筑空间通透灵活，可以加强通风；历史街区的建筑应该注意与历史建筑相协调，等等。我国南方传统的骑楼式建筑便充分考虑了南方地区的气候特点，为我们提供了良好的范例。

③ 充分表达商业展示空间的性格特征。商业展示空间的服务对象是广大消费者，这使其带有强烈的大众气息。在设计中，要用真实的、合理的、科学的表达方式，使商业空间展示与环境有机结合，以符合一般审美规律，避免过多的装饰与渲染。

④ 尊重经济指标。不同的建筑有着不同的经济指标与投资预算。虽然商业建筑要求表现出个性化特征，建筑空间也在向着功能复合化、休闲化发展，但在实际工程设计中，我们必须考虑建筑的经济指标与投资预算，否则设计只会成为空中楼阁。

⑤ 注重新技术、新材料、新方法、新手段的运用和表现。随着科学技术的飞速发展，新技术、新材料不断出现，传统的建筑设计手法正在发生变化，商业空间展示设计也正努力在设计中体现这种变化。

### （2）确定主题，生成概念

在商业空间展示设计的过程中，务必要考虑到消费者身处其中所产生的内在感觉。因此，设计概念应围绕核心设计主题展开构思，将前期概念性的抽象元素转化为具体的符号形态，与此同时，丰富空间的创意性立体化结构，能够为商业空间展示设计注入饱满的内涵与活力。

在新华书店领秀城体验店的设计中，根据前期的调研区位分析及企业文化特色研究能够确定商业空间展示设计的主题，使其成为空间设计的内涵主线，通过运用创造性的设计思维与设计手法，艺术化地将空间展示设计的商业性与人文特征有机结合，主导空间设计全过程。领秀城新华书店体验店以其浓厚的企业文化背景为支撑，多功能的商业综合体为依托，结合地处中高档社区的优势，以体现浓郁且厚重的文化内涵为主要设计思路，设计定位以"社区与生活"为主题，既表达了企业品牌背景，又符合空间功能属性。运用新华书店中汉字偏旁部首基本笔画，进行拆分、提炼、重新排列组合成此项目的主要设计元素。依据现场情况及设计需求，将书店主要分为常规图书售卖区、咖啡区、儿童区、交流区等。据现场测量，楼板离地距离6270mm，梁下离地距离5200mm，可以将空间分割出两层，并将一层局部分割出夹层空间，供小型新书发布、读书交流等使用，夹层的台阶设计为书籍展示台及座椅；二层则设计成儿童阅读及绘本区、文创产品展售区、培训交流区、办公区等（图5-2-1 ~ 图5-2-3）。

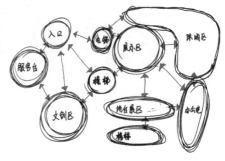

> 图5-2-1　汉字的拆分　　　　　　　　> 图5-2-2　各功能区分布概念

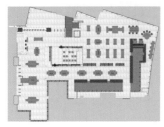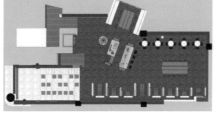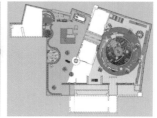

> 图5-2-3　各层的空间布局概念

## 5.2.2　深化设计方案

深化设计阶段是基于前期调研和概念设计，关注整体空间色彩、照明、材料等设计的同时，进一步完善具体空间划分、交通流线、家具陈设、展示道具、地面铺装、顶棚造型等细节。在商业空间展示设计中需依据场地现状最大限度地利用有效空间，创造最大的使用价值。

新华书店领秀城体验店概念设计深化阶段主要体现在平面布局及造型设计上，继续细化平面布局、空间设计等环节。深化装饰概念设计，将基地沿街入口设为书店主入口，用带有新华书店logo的不锈钢饰面作为照壁，给人深刻的品牌印象。选取新华书店中文汉字偏旁部首基本笔画，运用拆分、排列等手法，根据形式美法则进行几何组合，提炼成此项目主要设计元素，主要运用在入口墙壁、防盗门禁等作为表面装饰。另外，从书籍纸张汲取创作灵感，进行提炼、重组，设计成书店的大型装饰性灯具——折纸吊灯，悬挂在书店中心位置，具有视觉引导作用，增强了书店的文化、艺术氛围（图5-2-4）。

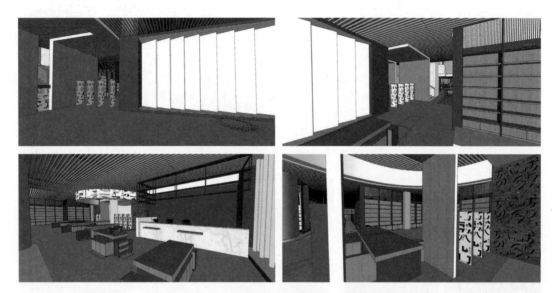

> 图5-2-4　新华书店领秀城体验店口概念设计

空间功能的深化设计首先将观众感受与用户五感体验纳入设计构思的全过程。在功能空间设计方面中，处处体现人性化设计原则，除继续深化传统的图书销售功能外，继续细化阅读体验、交流、会议、休闲餐饮、儿童绘本、儿童娱乐等功能区域设计，以满足不同使用人群的空间体验与细节感受。

在设计要素的深化设计方面，书店作为防火重点单位，在材料选择时应格外注意消防规范，尽量使用防火系数高的材料，因此，此项目大量选择不锈钢板、铝方通、钢化玻璃、石材饰面等材料作为项目装饰主材，地板等木材饰面要求在防火等级B1级以上。书店作为商业公共场所，适合创造平和宁静的禅意氛围，主要色彩搭配以暖色调为主，选用木色、黑色、灰色、白色等色彩，力求打造自然、舒适、沉稳的空间体验，在突出其悠久历史的前提下不失现代简约之美。在营造空间氛围方面，将具有传统韵味、温暖质感的材料同符合现代人审美需求的极简主义风格相结合，与现代化书店设计要求相适应，为实现满足现代人尤其是以中青年为主要消费群体的人群的审美需求，紧跟时尚潮流，设计思路大胆新奇且表现形式相对夸张（图5-2-5）。

另外，根据目前时尚年轻父母居多的消费人群特征，书店将儿童阅读体验、文创展示、烘焙培训等纳入整体空间设计范畴。二层主要设计为儿童绘本阅读与销售、文创产品展示、

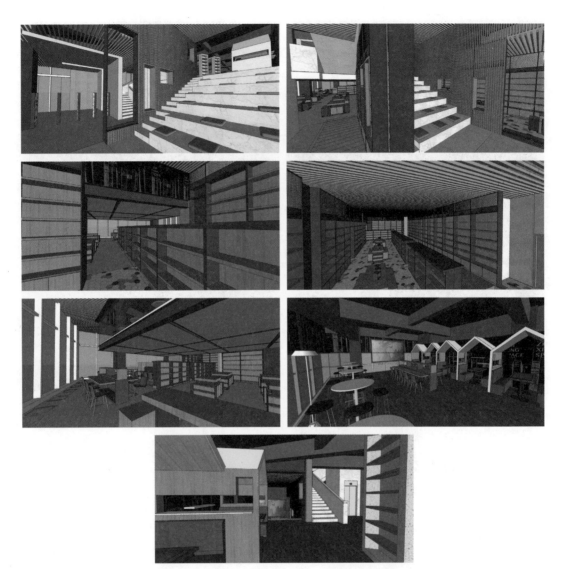

> 图5-2-5　新华书店领秀城体验店一层（夹层）深化设计

培训交流、休闲娱乐等功能区域，提取树木、云朵、星空等设计元素，运用夸张的色彩搭配，弧形展示柜体、座椅，以及可爱形象的卡通陈设品等装饰手法力求打造出尽显儿童特色的童话世界（图5-2-6）。

> 图5-2-6

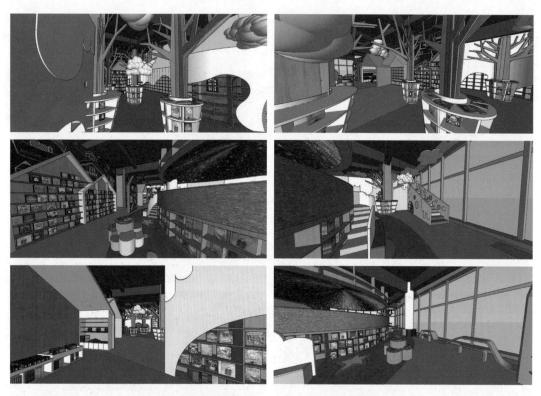

> 图 5-2-6　新华书店领秀城体验店二层深化设计

## 5.2.3　设计方案表达

　　方案设计理念表达不仅需要较为合理的概念设计和细致的深化设计，还需要通过完整翔实的设计图纸将方案设计思路准确表达出来，即通过室内外空间效果图、楼层平面图、顶棚平面图、墙立面图、剖立面图等标准化图纸表达出项目完整的设计概念。在把握整体设计理念的同时，还应该贯彻以下设计思路。

　　① 设计体系标准化。采用标准跨度柱网设计，在充分考虑平面户型分隔可能性的前提下，为项目的灵活运作提供充分的空间。高度标准化设计，可大幅度降低开发成本，大大降低配套结构和设备方面设计及施工的难度，同时提供了标准化运作的充足空间。

　　② 空间配置集中化。完全放开共享空间的尺度，包括大尺度的公共绿植、入口门厅、多层面共享空间等，提升空间使用效率，提高项目附加值。

　　③ 细部设计集成化。延续标准化设计体系，在建筑构件细部设计中强调标准化集成式设计，在强化建筑物公共性外观的同时，实现细部设计和施工的标准化。相关设备用房集中式设置，简化管线配置，提高管线配置效率，缩减工程成本。

　　在进行平面功能合理划分的基础上，深入研究商品属性与特性、消费人群特征等相关影响因素，并且将设计主题的相关内容合理地融入其中，对平面图、立面图进行细致、科学的深化。在此阶段，对商品属性的研究至关重要，直接影响展示设计所采取的形式：展台、展柜、展架以及其他特殊展示形式等。对消费人群特征的研究则体现在合理应用人体工程学的相关知识，针对年龄、性别等差异，合理处理各功能区之间的关系、距离以及尺度等相关问题。例如，针对儿童与老年人的商业展示空间设计除要求常规安全设计外，还应充分考虑无障碍设计等；由于身高、体态等差异，商业展示空间也要满足女性与男性在空间距离、尺度等方面的不同需求。

依据新华书店领秀城体验店的设计要求及基地现场情况，将平面功能布局为主要收银接待区、书籍销售区、休闲交流区、儿童阅读区等，具体表现如下。

微信扫码查看
高清大图

① 一层（包括夹层）主要以接待收银、常规书籍销售为主，兼具新书发售、咖啡休闲、阅读交流等功能（图5-2-7～图5-2-12）。

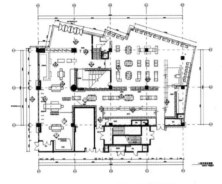

> 图5-2-7　一层平面布置图

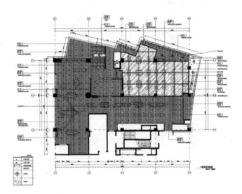

> 图5-2-8　一层顶棚布置图

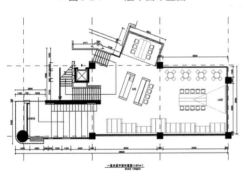

> 图5-2-9　一层夹层布置图

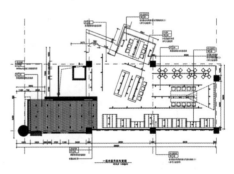

> 图5-2-10　一层夹层顶棚布置图

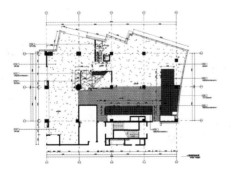

> 图5-2-11　一层地面铺装图

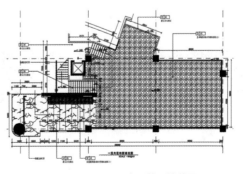

> 图5-2-12　一层夹层地面铺装图

② 二层主要以儿童阅读区为主，包括绘本阅读区、文创产品销售区、烘焙培训区以及办公库房等，主要满足儿童阅读、培训交流、休闲娱乐等需求（图5-2-13～图5-2-15）。

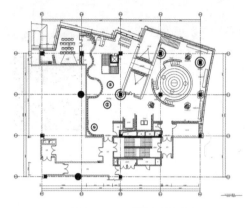

> 图5-2-13　二层平面布置图

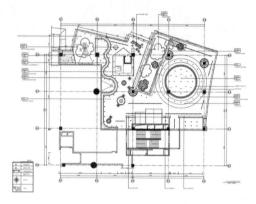

> 图5-2-14　二层顶棚布置图

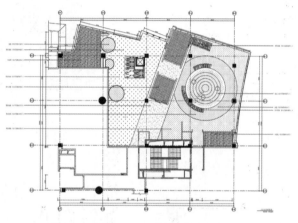

> 图5-2-15　二层地面铺装图

书店设计方案整体表达，通过具体的立面设计图和剖面图能够更加清晰地表达书店设计中的造型、材料、色调等具体表现形式，更加明确地展示书店内人们的尺度感和购物氛围。此类图纸需要具有一定专业素养的人员才能识读，整体方案的设计创意一般通过彩色效果图对空间造型、色彩、材质、照明以及陈设艺术品等进行较为准确的传达，实现完整的设计思路呈现，为下一步的具体施工图制作与施工监理提供相应的依据（图5-2-16）。

> 图 5-2-16 新华书店领秀城体验店部分效果图展示

# 5.3 施工监理

通过前期设计调研及概念设计构思,反复推敲完善商业空间展示设计方案,通过方案设计招标或委托设计等过程,最终确定商业空间展示设计方案,之后将进入商业空间展示设计施工图的绘制阶段。与此同时,还需要进行设备施工图绘制,包括消防工程施工图、给水排水改造施工图、强电弱电线路改造施工图、空调通风施工图等。整个商业空间展示设计过程都要遵守国家相关部门颁布的设计规范和规定,各专业设计师协调完成的商业空间展示设计装修施工图,将作为商业展示空间装修施工过程中的指导性文件。

## 5.3.1 施工图设计表达

### (1)图纸会审、设计意图交底

图纸会审及设计交底的目的,就是让监理和工程经理更深入仔细地了解设计思路、设计特点、施工工艺、特殊做法等,为商业空间的施工和管理打好基础。设计交底的主要内容有,给排水管道的布置、洁具的安装、回路的设置和开关插座位置的预留、需要拆除及增加的项目、特殊材料和特殊施工工艺、施工图纸和工程预算等。

根据工程项目的定位级别和施工单位的施工资质确定项目施工方,同时制定施工进度计划与施工管理内容。为了使设计的意图更好地贯彻实施于设计的全过程中,在施工之前,施工人员、用户、设计团队应一起对商业空间的设计进行沟通确认。设计师应向施工方解释设计意图,对设计方案进行详细的说明,将设计图纸所需的施工技术解释清楚。设计的整体方案图经过施工方审查完成后,要根据其提出的建议对整体设计空间进行修改完善。在实际的施工阶段要根据图纸进行尺寸和材料的核对，根据现场的实际状况进行局部的设计修改和完善。之后，设计方、甲方以及同行之间还应再次沟通，对图纸中设计不完善的地方要充分采纳各方意见进行修改，以确定最后的设计方案。

## （2）施工图设计

施工图设计是依据规范严谨的建筑制图标准将设计方案以工程图纸的形式表达清楚，便于后期施工单位进行作业。该环节是体现设计科学性与严谨性的重要过程，一般可采用AutoCAD、天正等计算机辅助设计制图软件进行操作，便于施工过程中的跟踪、度量以及预决算出图。设计施工图纸通常由四个主要部分组成：封面目录、设计说明、材料表（部分含灯具与配饰）、施工图纸等。

### 1）封面目录

微信扫码查看
高清大图

此项一般由两页组成，封面与目录（部分较大项目可能出现目录多于一页的情况）。封面上一般介绍项目名称、项目地址、设计单位、设计时间等基础信息。目录内容，则从封面开始直至施工图纸最后一页，都必须清晰记录在册，以便设计单位、施工单位等随时对应查看具体设计内容（图5-3-1）。

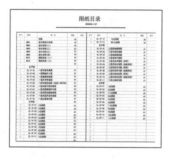

> 图5-3-1　封面与目录

### 2）设计说明

通常主要介绍的内容有：技术指标，如墙体、设备、配件等相关信息；设计规范中要求的设计单位需要在设计手册中做集中解释与处理的内容等；设计施工图绘制过程中使用的特殊符号、特殊图案等所代表的实际意义解释；对设计方案的总结概括等相关内容，均在此处有所体现，但不同设计单位会略有差别（图5-3-2）。

> 图5-3-2 设计说明

### 3）材料表（部分含灯具与配饰）

该项是施工图集里较为重要的一部分，一般系统性较强的大中型项目，如品牌连锁店、综合性百货超市等，在施工开始前，需要设计师汇总项目需要的所有材料并且编辑成表格，详细记录材料的具体名称、型号、类型、颜色等相关信息。对项目系统性要求更高的甲方，一般会将常用的材料编辑成代码，由于该标注形式主要来源于欧美国家，因此一般会采用英文缩写代表相应材料，例如：WD代表木材类（wood），ST代表石材类（stone），MT代表金属类（metal），PT代表乳胶漆类（paint），GL代表玻璃类（glass）等。在这些系统性较强的材料表中，主要介绍：材料代码、材料简要描述、材料主要使用的位置、材料型号、材料所需数量，以及部分需要注明材料供应商的相关信息等。以上是商业空间设计过程中硬装部分材料表的制作流程，另外部分项目会包含灯具与配饰设计材料表。一般由于灯具参数较为复杂、类型较多，因此灯具表需要单独详列，与以上硬装部分的材料表制表思路一致，系统性较强的设计项目一般常用灯具有其特定编码，在灯具列表中需要详述：灯具编号、灯具型号、灯具基础参数、灯具使用位置、灯具所需数量，以及部分需要注明灯具供应商的相关信息等。配饰材料表制作方法原理同上，包括：配饰编号、配饰型号、配饰特征简述、配饰使用位置、配饰所需数量，以及部分需要注明配饰供应商的相关信息等。

综上所述，材料表部分主要包含三方面内容：硬装材料列表、灯具列表以及软装部分的配饰列表。分别详细列举在施工过程中所需主要的、大面积使用的耗料或装饰艺术品。其目的在于：① 汇总、统计自控设计材料；② 为施工预算提供详细依据；③ 为提前准备施工材料提供相应数据。因此，在施工图集里材料表部分被视为施工前准备阶段的重要信息材料，是保证施工可以顺利完成的重要前提条件，需要仔细斟酌、认真核对。

**4）施工图纸**

　　施工图纸的绘制是方案进一步深入设计的过程，要达到能够指导施工的深度标准。施工图是施工图集的主要组成部分，也是对设计进行科学介绍的主体部分，主要包括：平面施工图系列、立面施工图系列、节点详图与大样详图系列，以及门（窗）表施工图系列等。在此主要针对室内环境设计进行讲述。

　　① 平面施工图纸系列能够反映出室内陈设、空间动向、配套设施、隔断位置，表明空间平面关系、交通流线等内容。主要包括：原始平面图、新建墙体图（备选）、拆除墙体图（备选）、平面布置图、家具定位图（标注家具与固定墙体之间的尺寸）、地面铺装图、天花布置图、天花尺寸图、灯具连线图（含开关位置）、强弱电图（强电即为插座，弱电即为信号输出的网络、电话、有线电视接口等）、监控系统点位图（仅标注位置，具体尺寸由设备公司提供）、消防系统定位图（含烟感、喷淋、音响等）、给排水图（备选）、立面索引图等。其余平面图纸根据商业空间的具体要求可另行添加，若无特殊情况，以上图纸已基本涵盖商业空间展示设计的所有平面施工图部分。每部分的具体内容可根据设计需求或甲方要求等适当调整，增加或删减部分图纸数量（图5-3-3）。

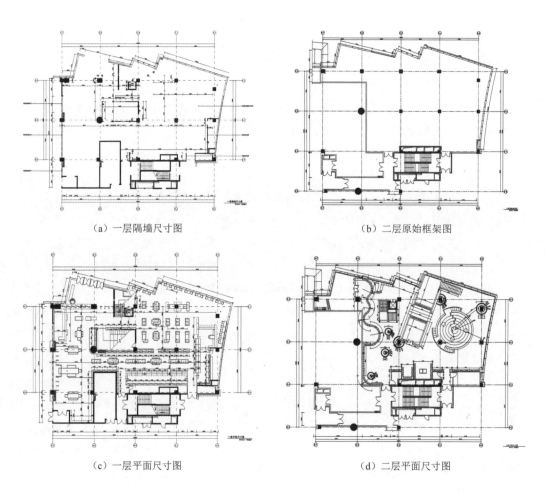

（a）一层隔墙尺寸图　　　　　　　　　　　　　（b）二层原始框架图

（c）一层平面尺寸图　　　　　　　　　　　　　（d）二层平面尺寸图

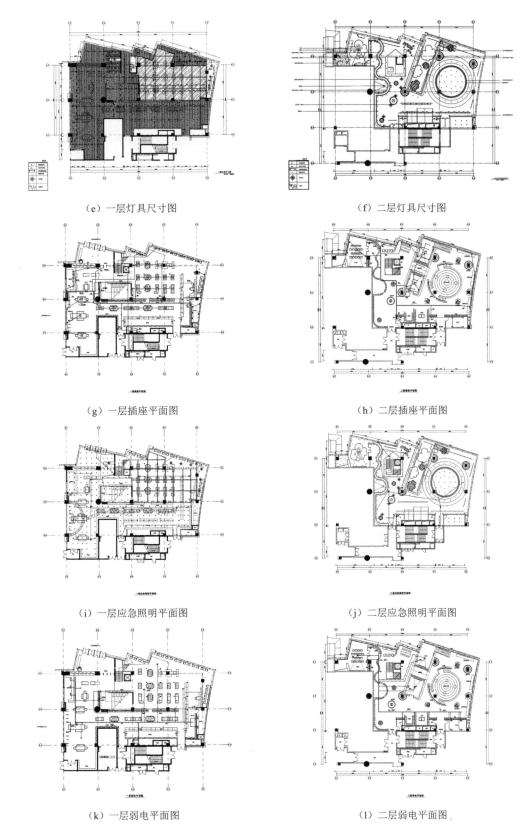

（e）一层灯具尺寸图　　　　　　　　　（f）二层灯具尺寸图

（g）一层插座平面图　　　　　　　　　（h）二层插座平面图

（i）一层应急照明平面图　　　　　　　（j）二层应急照明平面图

（k）一层弱电平面图　　　　　　　　　（l）二层弱电平面图

> 图 5-3-3

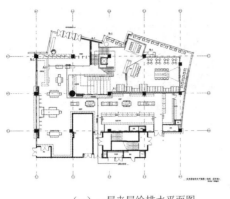

（m）一层夹层给排水平面图

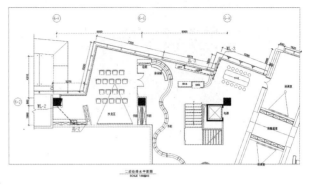

（n）二层给排水平面图

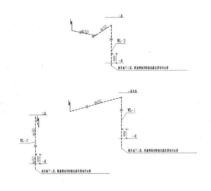

（o）二层给排水系统图

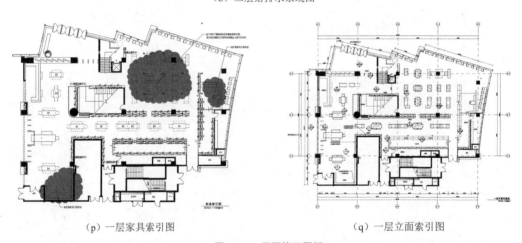

（p）一层家具索引图　　　　　　　　　　　　　　（q）一层立面索引图

> 图5-3-3　平面施工图纸

　　② 立面施工图纸系列，主要表达室内造型、材料、颜色、场地环境关系等，还有表明室内竖向尺寸以及细节的作用。在通常状况下，主要包含所有空间的四个方向（即东立面、西立面、南立面和北立面）立面施工图，其主要意图是为施工单位提供清晰准确的立面设计信息。此应与平面图纸系列的最后一张，即立面索引图一一对应，立面索引图上有多少索引标识，立面图纸上则应对应有多少立面表现（图5-3-4）。

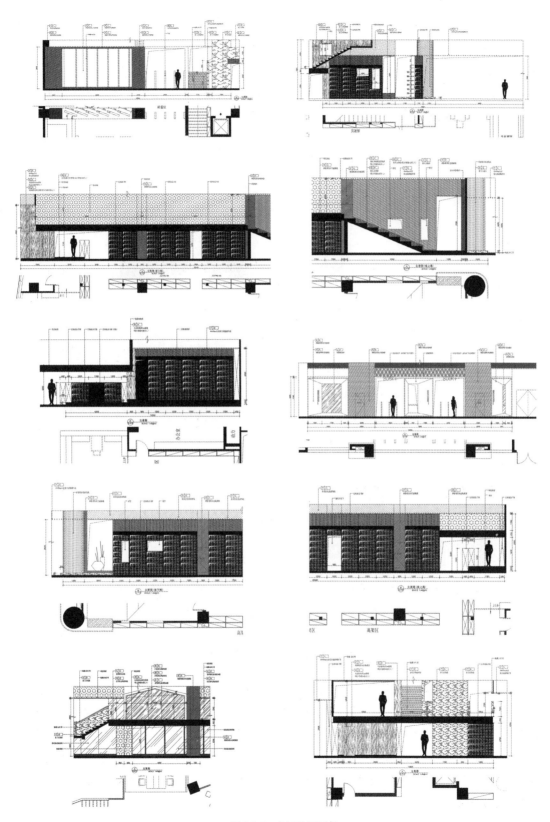

> 图5-3-4　立面施工图纸

③ 节点详图与大样详图系列，主要指在平面施工图纸与立面施工图纸中所涉及的具体施工工艺与做法的大样图。比较常见的有：地面铺装图、天花布置图以及墙体材质图，尤其是不同材质衔接处的节点详图、地面与墙体衔接处节点详图、吊顶与墙体衔接处节点详图、固定展柜大样详图等。凡需要施工单位详细了解的具体工程做法的特殊部分都需要画出剖面图、节点详图或大样详图（图5-3-5）。

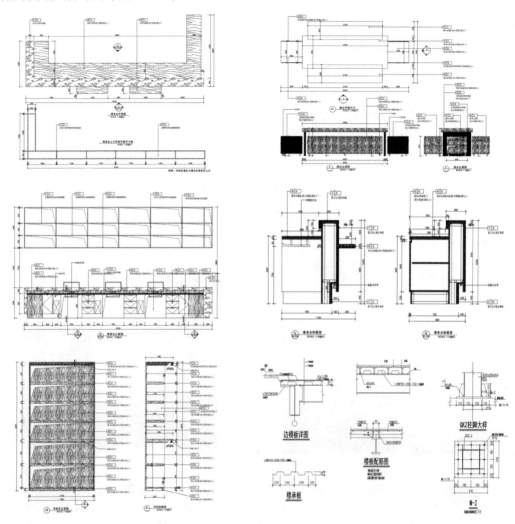

> 图5-3-5　剖面图、节点详图、大样详图

④ 门（窗）表施工图系列，是专门针对设计空间内所有门（窗）的样式设计与详图做法的图纸。一般设计要求较高、系统性较强的展示空间、餐饮空间等商业空间设计，由于涉及整座楼宇或设计内容较多，具有特殊设计的门（窗）做法大多有其独特性，因此需要对门（窗）的设计做单独详解。门（窗）表施工图中需要包含的信息有：门（窗）的外观设计图（内外两侧）、门（窗）的剖面图（纵剖图与横剖图）、门（窗）的五金配件信息、同款门（窗）的数量等。

在施工图绘制过程中，需要注意的事项有以下内容。

① 施工图中的造型绘制需要准确、细致，图纸中每一条线的存在都有其代表的意义，切勿随意删减或添加。

② 图纸中涉及特殊做法或材质说明时，需给予必要的文字标注，确保施工图表达准确无误，但需明确一点：文字解释工作只是施工图纸的辅助项，始终要以准确的造型绘制为主。

③ 图纸中所有的造型设计均需标注尺寸，不可出现漏项。

④ 施工图纸绘制要尽可能做到图幅清晰、明了，并能够详细向施工单位说明所有设计意图。

目前，国内外施工图的绘制要求在知识结构及制图原理上基本保持一致，其中包括所有标识、符号、代码以及制图方式与方法等。

## 5.3.2 施工前的各项工作

### （1）复尺

复尺是指在施工之前，设计方对现场尺寸的再次核实。复尺必备的完整工具包括卷尺、激光测距仪、指北针、数码相机、量角器、笔记本、不同色圆珠笔、粉笔等。复尺之前要先联系客户，并携带原始测量图、客户确认的平面布置图、墙体隔断图等。

复尺图包含的内容如下。

① 场地名称及东南西北方位。

② 标明交通流线。

③ 对于消防设备、配电箱、插座线盒等设备管道，标明其位置、详细尺寸，并拍照。

④ 标明墙壁、柱子等材质情况及处理要求。

⑤ 现场复尺地面、天花、楼梯（楼梯台阶、数量、宽、高等）、门头、窗户、梁及重要立面、外观尺寸、剖面结构、设计范围等，并标注详细尺寸。

需要注意的事项：尺寸清晰、字迹工整、禁止涂鸦及尺寸线重叠交错。照片拍摄要求每个立面和位置要详细，室内的一些异形结构要独立采样拍照记录，天花的结构和柱子结构、烟感器、喷淋、水管、风管等也要拍照记录。

### （2）造型调整及材质样板的认定

在实际项目工程施工期间，设计人员需定期到施工现场指导施工工作，按照既定的设计图纸核对和审验施工实况，检查工程施工质量。若在实际施工过程中出现局部设计内容的变更等，设计人员需配合施工监理共同对设计方案及施工图纸做出修改和补充，并及时对施工进度进行合理调整。对于装饰造型的特殊设计，应根据实际需求和甲方要求再次调整确认。

施工选定材料主要有地面材料、墙面材料、吊顶材料、装饰五金、饰面板、玻璃、油漆、特殊材料等。从现实的角度来说，材料的选定主要依据设计预算，在材料市场上进行多重比较和考察。材料选择要根据设计效果，先选择出一部分符合要求的材料。在预算充足的情况下，可适当选取部分优质材料，这类材料的质感和做工相对精细，在设计效果表现上也更容易出彩。

若受限于预算，可选择价格合理的材料，只要选择的材料能够与设计理念相吻合，经过特殊制作，也可以做出满足设计效果的理想状态。选择材料时，要对其进行组合对比，从质感、色彩、肌理、形态等方面搭配出最佳的效果，进而确定所需要的材质样本。如果选择的材料比较新颖，施工进场前要尽快和设计单位沟通，解决新材料、新工艺的技术问题，完成技术交底，保证工程顺利完成。材料样板经过业主、设计及监理确认后统一制成展板并进行封样，以便业主随时对大批材料进行检查校对。对已经认可的材料将进行集中采购，在最短的周期内提供成品或半成品。

## 5.3.3 施工与验收

### （1）设计施工阶段

施工工艺总体安排：按照先预埋、后封闭、再装饰的总施工顺序原则进行部署。在预埋阶段，采取先通风，后水暖管道，再电气线路的思路；封闭阶段，则宜采取先墙面，后顶面，再地面的程序；装饰阶段，一般按照先油漆，再面板的工序。每一个面层的施工部位，将根据现场实际尺寸绘制排版图，并制作样板间或样板段。

技术准备：做好图纸会审工作，充分理解设计意图。在图纸会审工作中重点把握以下几个方面：充分理解各部位的工艺做法、节点构造；充分熟悉各种材料的性能和施工工艺要求；对图纸设计中存在的问题与设计师进行充分交流，找出解决办法。

施工过程中设计方应派一名施工图设计师在现场负责与甲方沟通，在施工过程中遇到施工图纸与实际现场不符或存在不完善的地方，将依据现场情况，以最快的速度把问题呈报甲方和设计方，或在得到甲方的同意后，由设计方派出的驻场设计师将图纸尽快完善，并立即送到甲方、监理和设计方。如得到三方认可，施工方将以图纸为依据继续进行施工。

计算并复核工程量：按区域、工种、项目等计算装饰工程量；在计算装饰工程量的基础上，参照设计公司内部定额、市场材料和人工费计算预算成本，供项目管理部使用，同时确定工料消耗。

### （2）竣工验收业务

在工程正式交工验收前，应由施工单位组织各有关工种进行全面预验收，检查有关工程的技术资料、各工种的施工质量，如发现问题，及时进行处理整改，直到合格为止。工程项目竣工是指工程项目经过承建单位的准备和实施活动，已完成了项目承包合同规定的全部内容，并符合发包单位的意图，达到了使用的要求，它标志着工程项目建设任务的全面完成。

**1）竣工验收前的资料准备**

① 上级主管部门的有关文件，如施工证、开工证，各种报批报建所要办理的手续、文件等。

② 建设单位和施工单位签订的工程合同。

③ 设计图纸会审记录、图纸变更记录以及确认签证。

④ 施工组织设计方案。

⑤ 施工日志。

⑥ 工程例会记录和工程整改意见联系单。

⑦ 采购的工程材料的合格证、商检证及测验报告。

⑧ 隐蔽工程验收报告。

⑨ 自检报告。

⑩ 竣工验收申请报告。

**2）交工验收的标准**

① 工程项目按照工程合同规定和设计图纸要求已全部施工完毕，且达到国家规定的质量标准，并满足使用要求。

② 交工前，整个工程达到窗明地净、水通灯亮及设备运转正常。

③ 室内布置洁净整齐，活动家具按图就位。

④ 在室外的施工范围内，场地清洁完毕。

⑤ 技术档案资料整理齐备。

工程竣工验收合格后，正式办理竣工交接手续。

**3）竣工交接手续**

装修工程竣工交接分两大部分，一是竣工资料交接，二是施工现场交接。

① 竣工资料交接。主要是竣工图、设计图纸变更记录、隐蔽工程记录等资料的交接。竣工图应该能正确地反映出工程量、工程用材及工程造价，并能体现设计的功能及风格，出图深度同施工图。竣工图作为归档备查的技术图纸，必须真实、准确地反映项目竣工时的实际情况，应做到图物相符、技术数据可靠、签字手续完备。

② 施工现场交接。交接时，将经过质检部门验收的各施工部位全面交给甲方单位，交接时整个工程要符合标准。交接的物品要逐一检查、清点，并记录在案。全部清点交接完毕后，双方在交接表上签字认可。所有房间钥匙要统一编号，一并转交接收部门。

## 本章小结

本章以实际项目为例，进行商业空间展示设计程序讲述。从场地及周边环境调研、相关业态资料收集等入手，结合企业文化特色，利用消费群体特征，形成该商业空间展示设计多元化设计概念。在设计概念与方案深化过程中，充分体现艺术性与技术性的完美结合，满足现代人不同的商业需求，凭借科学严谨的表达设计，逻辑有序的施工管理，通过多方合作，最终将方案得以实现。

## 实训与思考

1.进行商业空间展示常用装饰材料调研，从设计构思、消防安全等角度入手，概括总结出商业空间界面及主要展台的材料类型。

2.商业空间展示设计中，灯具设计及陈设品设计对空间设计的影响有哪些?

商业空间
展示设计

# Chapter 6

# 第6章  国内外当代商业空间展示设计优秀案例鉴赏

# 6.1 国内设计案例鉴赏

## 6.1.1 北京YĬN隐首饰店设计

　　YĬN隐概念精品店位于北京市东城区王府中环，2019年建成，面积约38平方米，由日本odd设计事务所的新锐设计师出口勉和冈本庆三主持设计。该设计项目是一家主营中式传统黄金饰品的商业店铺，设计者以"云端下的时光容器"为设计主题，体现珠宝充满故事性的独特魅力，并采用极简美学的设计手法表现设计主题与概念（图6-1-1）。

　　店铺展示空间占地面积不大且进深较小，面阔稍长使得展面开阔。因此，将面阔较长的展面拟作天空，采用肌理柔软的帷幕纱帘作为背景，在不断绵延的造型设计中模糊空间界限，天花采取起伏的造型迎合设计概念，同时解决了原始天花上呆板生硬的结构高差（图6-1-2、图6-1-3）。

> 图6-1-1　YĬN隐首饰概念精品店外立面设计

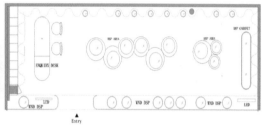
> 图6-1-2　YĬN隐首饰概念精品店设计平面布置图

　　在材质选取方面，展台采用进口人造石定制，呈现出连绵漂浮的云朵状成为空间设计的亮点，烘托出珠宝的温暖与韧性。白色展台质感温润、造型柔软，与展示中的金饰品形成相对强烈的色彩对比，有助于吸引顾客注意力且不喧宾夺主。金色的底座代表飘洒而下的云翳，与空间的设计主题相呼应（图6-1-4）。

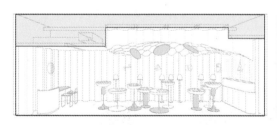
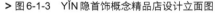
> 图6-1-3　YĬN隐首饰概念精品店设计立面图

> 图6-1-4　YĬN隐首饰概念精品店展台设计

　　在照明设计方面，通过灯光设计营造出明亮的晴空氛围，使整个店铺如产生丁达尔效应一般，在布满的云层之间或均匀或跳跃地洒下灵动日光。整个店铺设计宛如运用造型、材质、色彩、灯光讲述着不同故事的时光容器，成为关于金饰的一座微型美术馆（图6-1-5、图6-1-6）。

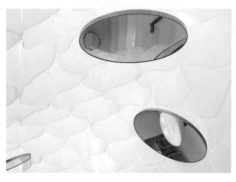

> 图6-1-5  YĬN隐首饰概念精品店天花照明设计　　　　> 图6-1-6  YĬN隐首饰概念精品店设计

## 6.1.2  上海"ERDOS鄂尔多斯"概念旗舰店设计

上海"ERDOS鄂尔多斯"概念旗舰店落成于2019年，位于上海浦东新区上海湾生活时尚中心，占地面积300平方米左右，由waa未觉建筑事务所主持设计。该设计事务所主张：设计应该是对某种情感的回应，通过空间构建的多种手法，最终营造出独特的场景和氛围。

当线上购物日益成为消费模式主流，实体店铺购物的行为开始显得不同寻常，反而像是一个带有仪式感的消费事件，甚至是一种倾向于社交色彩的个人生活方式。选购商品的目的性逐渐减弱甚至消失，消费者更在乎的是身临其境的感受、亲手触摸时尚的体验感、投入一段没有纷扰的休闲时光所带来的身心放松感。基于此，waa试图通过四个场景的植入，以家的概念与形态，构建商业店铺的内部空间，将日常行为演变为充满仪式感的精品店设计。

入口设计成一条独立隐蔽的扶梯通道，视线随前行而逐渐开阔，这种体验式设计象征着即将踏入仪式感空间前所做的准备。为了满足承重与质感需求，外立面采用三块相连的GRC（玻璃纤维增强混凝土）预制板，形成曲面效果。每块预制板上均有一处弯裂纹饰以暗藏灯带效果，一条裂纹贯穿至外部花园，引出拱形入口；另一条随着内部楼梯攀沿上升；最后一条蜿蜒在外立面中央，起到柔和原有肌理的效果。裂纹设计不仅营造出一种砖石迸裂的生动感，还可以作为夜间的装饰照明，建筑体中圆润的造型与羊毛的温润质感相辅相成，突出了产品特征（图6-1-7）。

> 图6-1-7  上海"ERDOS鄂尔多斯"概念旗舰店建筑外观及入口设计

方案设计共分为上下二层，一层为男装区，以男性视角为基准，营造安全的氛围。在原始时代，冉冉的篝火是驱逐危险得以安全的象征，这里运用篝火般的红色体现男装区的安适（图6-1-8、图6-1-9）。

二层为女装区，追求女性视角下的伊甸园情景的装饰效果，温暖柔和，细腻舒展，展现出女性空间的特征美。其装饰与一层男装区保持格调与设计手法的高度一致。阳台则设计为经典的浪漫场景（图6-1-10、图6-1-11）。

> 图6-1-8 一层男装区平面图

设计灵感来源于羊绒柔软的质感，通过平面图可以看出，整个设计广泛采用曲线，内部空间连绵曲折（图6-1-12）。为了强调羊绒的轻柔之感，设计师将展架做了具有漂浮感的特殊处理，一些角度被刻意取消，而另一些角度却被刻意夸张，以此强调空间的机变与绵延，从而与服饰本身的材料质感形成呼应。另外，展架的金属镜面效果衬托出羊绒特有的轻柔和光泽。在色彩的选择上，waa使用了ERDOS品牌中经典的红色，与奶油色肌理漆墙面搭配，营造出温暖的气息（图6-1-13）。

> 图6-1-9 一层男装区设计

> 图6-1-10 二层女装区设计

> 图6-1-11　楼梯设计

> 图6-1-12　二层女装区平面图

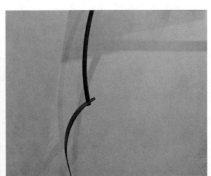

> 图6-1-13　展架及色彩搭配设计

## 6.1.3　苏州钟书阁书店设计

　　苏州钟书阁位于苏州工业园区苏悦广场三楼，2017年7月建成，占地面积约1400平方米，由Wutopia Lab创始人俞挺担纲设计。钟书阁是一家复合型连锁书店，在功能划分与布置上具有较为完善的体系，苏州钟书阁在此基础上将空间划分为四个主要功能区以及若干细分的辅助功能区，以象征主义作为设计理念塑造出四个主要功能区，并将其组合成一个完整的空间体（图6-1-14、图6-1-15）。

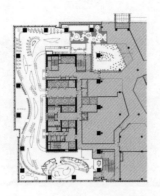

> 图6-1-14　苏州钟书阁平面布置图

> 图6-1-15　苏州钟书阁轴侧图

具有象征意义的四层含义分别对应四个主要功能分区。

① 水晶圣殿 —— 新书展示区（The Sanctuary of Crystal——Recommendation Book）。该区域位于书店入口，当季新书均放置于由透明亚克力定制的搁板上，如飘浮在空气中一般，除图书之外，再无余物，纯粹而直接。设计师运用玻璃砖、镜子、亚克力，以及白色大理石地面，将整个区域塑造成水晶圣殿，引导读者继续深入钟书阁的读书世界（图6-1-16、图6-1-17）。

> 图6-1-16 苏州钟书阁新书展示区

> 图6-1-17 苏州钟书阁新书展示区展台

② 萤火虫洞——推荐阅读区（The Cave of Fireflies ——Bestseller & Magazine）。该区域是新书展示区的延伸空间，灵感来源于对偶诗句——"洁白的水晶圣殿，幽黑的萤火山洞"，象征着生活有时会让人沮丧，陷于迷茫，但优秀读物如黑暗中的萤火虫闪烁在读者周围，激励人们前行。在空间概念表现上，采用光导纤维创造萤火虫般光辉（图6-1-18）。

> 图6-1-18 苏州钟书阁推荐阅读区

③ 彩虹下的桃花源——综合服务区（The Xanadu of Rainbows——Café & Casher, Reading alone corner, Main hall, Art & Design, Event space）。该区域位于萤火虫洞（推荐阅读区）的尽头，空间豁然开朗，一片绿色映入眼帘，大面积的落地玻璃幕墙为室内带来明亮的自然采光。本区域设置有收银台以及休闲咖啡吧（图6-1-19）。

> 图6-1-19　苏州钟书阁收银台、休闲咖啡吧

依据中国传统的山水世界——新桃花源（New Utopia）设计理念，结合书台、书架以及台阶等陈设物，打造出悬崖、山谷、激流、浅滩、岛屿和绿洲等抽象景物。整个空间由彩虹主题概念贯穿其中，从天而降的天花板倾泻至地面，自然形成挡板与屏风，顺势将休闲区与阅读区巧妙区分开，而且细化了中心图书区、阅读角、共享大厅、设计与艺术品展示区、多功能厅等主要内部功能区域（图6-1-20）。

> 图6-1-20　苏州钟书阁主阅读区

彩虹金属板由带有花瓣图案的穿孔铝板制作而成，当穿孔率超过50%后，铝板在视觉上便失去了金属材质的原有质感，将多层铝板叠拼在一起，犹如多层面纱，创造出朦胧与神秘的视觉效果（图6-1-21）。

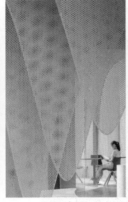

> 图6-1-21　苏州钟书阁主阅读区彩虹板

运用参数化技术手段制作而成的彩虹板落地而成的垂直曲线隔断，与笔直的建筑边界之间形成不同层次、尺度、功能的读书空间，既可作为私人阅读角，亦可作为多人交流的开放阅读区，还可作为孩子们提供私密阅读的帐篷区（图6-1-22）。两种界面（垂直曲线与笔直边界）之间的空间，形成了钟书阁与外部世界保持独立而神秘的内部空间（图6-1-23）。

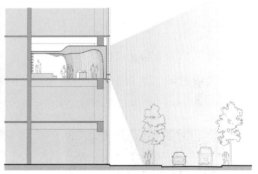

> 图6-1-22　苏州钟书阁帐篷阅读角　　　　> 图6-1-23　苏州钟书阁主阅读区空间形态设计

④ 童心城堡——儿童区（The Castle of Innocence——Children）。随着空间的进一步递进，彩虹绚烂的颜色逐渐归于平淡，在钟书阁的尽头浮现出最后一个非常重要的功能空间，即白色椭圆形城堡——儿童阅读区。在儿童的眼中，城堡是一个充满奇幻的地方，这里采用正负形城堡建筑剪影作为装饰，使用ETFE膜材料外墙，组成了一个半透明的迷你城市（图6-1-24）；城堡内部由大小不一、依墙而建的迷你版城堡"入口"构成，孩子们在这里可以无拘无束地浏览书籍、交往，抑或观看窗外世界的天马行空。有时这里更像一个椭圆形剧场，最精彩之处便是孩子们参与其中的嬉闹与玩耍成为永不落幕的儿童剧（图6-1-25）。

> 图6-1-24　苏州钟书阁童心城堡外立面

> 图6-1-25　苏州钟书阁童心城堡内部空间

　　钟书阁作为一个特殊的商业空间展示设计，完全改变了街角的商业气质，成为屹立在时间与平庸大海里的一盏灯塔。在这里，四周车水马龙的商业繁华仿佛都安静了下来，时间犹如流水缓慢流淌过读者指尖小心翼翼翻过的书页，冲刷掉窗外都市的所有困扰，此时此刻，只有读者与书中的文字在书写生活的记忆（图6-1-26）。

> 图6-1-26　苏州钟书阁室外街景

# 6.2 国外设计案例鉴赏

## 6.2.1 韩国首尔雪花秀旗舰店设计

由来自中国上海的如恩设计事务所主持设计的雪花秀韩国首尔旗舰店，落成于2016年，是在一栋五层高的旧建筑中进行的改造设计项目。为了凸显品牌历史，如恩设计选取传统元素灯笼作为灵感。灯笼对亚洲文化所具有的非凡意义——引领人们穿越黑暗，代表一段旅程的起始抑或是结束。在设计概念塑造过程中，强调雪花秀品牌与亚洲文化传统的紧密联系，为顾客创造出能够身处其中感受品牌理念所蕴含的东方智慧的商业展示空间（图6-2-1）。

个性、旅程与记忆可归纳为该项目设计概念的情节表达，设计师希望创造出一个极具吸引力的商业展示空间来满足顾客的所有感官需求，将空间体验打造成为一场层次丰富、值得无限回味的旅程。最终呈现的设计效果完美诠释了现代人对灯笼含义的理解与表达：贯穿室内外的黄铜立体网格结构将店铺的各个空间串联在一起，引导顾客逐步探索商业展示空间的每一个角落（图6-2-2）。

> 图6-2-1 雪花秀首尔旗舰店外立面　　　> 图6-2-2 雪花秀首尔旗舰店入口及通道

作为一个风靡亚洲的高端护肤品牌，在空间功能设计上尽显人性化特色：地上五层与地下一层功能各不相同，且分工专业、细致、周到。地下一层以SPA服务为主，一层以接待与产品展示为主，二层以产品展示与销售为主，三层以提供VIP客户休息交流为主，四层以足疗与SPA为主，五层以露天休闲平台为主（图6-2-3～图6-2-8）。

顾客可以通过建筑内一系列空间以及相连的通道充分体验其中的变化。以木元素为主的内部景观设计中增加镜面材质的使用，强调了空间设计的无限延展性。精细优雅的黄铜结构与宽大厚重的实木地板搭配得相得益彰。展台沿用地面的实木材质，顶端的展示区域则将石材镶嵌其中，既完成了空间的统一，又在细节上赋予设计功能之美，雪花秀产品被精心陈列在这些构思巧妙的展台之上。悬于展品上方的定制玻璃吊灯造型似灯笼，突出了设计主题（图6-2-9）。

> 图6-2-3　地下一层平面图

> 图6-2-4　一层平面图

> 图6-2-5　二层平面图

> 图6-2-6　三层平面图

> 图6-2-7　四层平面图

> 图6-2-8　五层平面图

> 图6-2-9　展台及照明　　> 图6-2-10　借景设计　　> 图6-2-11　内部空间　　> 图6-2-12　展示设计

　　位于地下室的SPA空间采用暗色的墙砖、土灰色石材以及暖色木地板营造出亲切的庇护感。随着空间不断向上转移，在材质选择方面用色变得更加明朗开阔，以体现空间的舒适性与友好性。这场由"灯笼"概念发起的空间之旅在屋顶的露台区结束，自由延展的黄铜网格顶棚设计将周围的城市景色以借景的形式纳入其中，使之成为空间设计的一部分，营造出别样的视觉体验（图6-2-10）。在这段传统与时尚碰撞出激烈火花的时光之旅中，融合了诸多围合与开放、明亮与暗淡、精细与厚重等的对立元素。从空间氛围与体验的营造到灯光的处理，再到陈列以及标识设计，每一个细节都体现了灯笼的概念，不仅在形式上更在精神内涵方面，让顾客置身于该商业空间的每时每刻都能够感受到神秘与惊喜，激发探索欲望，怀着热情和愉悦的心情感受每一寸空间设计，以及每一款产品（图6-2-11、图6-2-12）。

## 6.2.2 印度Terra Mater家居用品旗舰店设计

RUSTICKONA在印度阿姆利则开设的第一家家居用品旗舰店，占地面积约1300英尺（400平方米左右），2019年由Renesa建筑与室内设计工作室设计。客户提出创造一个充满吸引力的空间，可以让顾客步入店内即可感受到舒适与熟悉的空间氛围的设计要求。由此，Renesa工作室采用红色陶土砖为主要设计元素，采用半封闭与开放的建筑体结合形式，打造出质朴感十足的空间韵味（图6-2-13）。

在空间塑造上，设计者以画廊为主题，将其打造成一个非传统的器物展厅，以实现消费者与产品之间的交互式设计——可以零距离接触，直观体验产品的质量信息，并享受体验式购物的全过程。

平面布局整体呈规则的"L"形体块设计（图6-2-14），中间采用带有拱形壁龛设计形式的隔墙，以增加室内空间与室外自然采光的互动，从而提高空间设计的舒适度。该项目设计打破了原始空间的结构形态，将展厅的边界与画廊展示形式相结合，雕塑与产品成为空间展示设计的一部分，大大提高了消费者、商品以及空间形态在消费体验过程中的参与程度（图6-2-15）。

> 图6-2-13 RUSTICKONA旗舰店概念设计

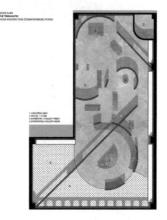

> 图6-2-14 平面布置图

> 图6-2-15　画廊展示设计形式

> 图6-2-16　空间形态设计示意图

平面图中，简洁的曲线与对角线穿插组合，形成流通性极强的展示区域，打破了传统式展示空间僵硬的布局与形式，增加了在空间进行购物体验的灵活感（图6-2-16、图6-2-17）。

> 图6-2-17　RUSTICKONA旗舰店展示设计形式

> 图6-2-18　入口处墙面肌理效果

在材料选择方面，原始的混凝土纹理与赤陶砖产生了共鸣（图6-2-18），既有色彩的视觉对比，又有原始肌理的同质感。材质的自然颜色与纹理变化无形中产生了空间划分

（图6-2-19），组成内部展示空间的主要材料——赤陶砖体现出空间设计中的生命意义，同印度传统手工艺特色——制陶术完美融合，为品牌身份奠定了传统特色与基调（图6-2-20）。

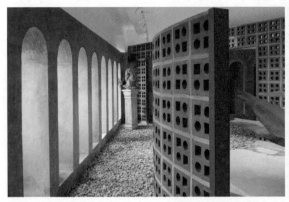

> 图6-2-19　运用材质肌理差异划分空间

> 图6-2-20　赤陶砖设计

　　该方案设计创意点在于创造一种解构的空间感受，将顾客引入由设计师精心布置而形成的展览路线中，成为空间展示设计动态表现中有机组成的一部分，再次凸显了本案设计强调设计的体验性与参与性的主旨。此外，在印度传统文化背景下，赤色陶砖增加了当代审美的传承价值。

## 6.2.3　比利时Kevin Shoes品牌集合店设计

　　由WeWantMore主持设计的Kevin Shoes大型品牌集合店，位于比利时根特市，占地约750平方米。KevinShoes商业店铺设计在尺度与创新方面具有挑战性，在对本空间场地与设计概念进行综合分析后，采取"空间分割""色彩分离"，以及"攻克之法"等设计手法，将多个零散的销售空间汇聚成颇具凝聚力的鞋类专营商业空间（图6-2-21）。

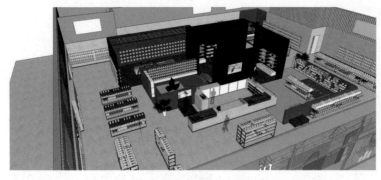
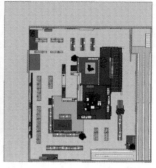

> 图6-2-21 Kevin Shoes品牌集合店 　　　> 图6-2-22　平面布置图

　　由于本案基地由工厂建筑改造而成，开阔的面积以及挑空的层高极易使人产生压抑、孤独与寒冷之感，因此设计师通过将空间内部功能与结构进行细分，解决场地环境存在的不利因素，采取半开放式设计手法，使得消费者进入展示空间后，仍然可以快速浏览整个空间构造，以便选取购物内容（图6-2-22）。在整个商业空间中心区，客户服务区被围合成半封闭状态，注重购物环境的体验感，为消费者营造出被关怀、被重视的空间氛围（图6-2-23）。

　　运动鞋销售区以由4400块青砖组成的装置艺术墙体作为设计的主要特色与表现手法，在吊顶上以等距的平行霓虹灯带为装饰，与装置艺术墙体形成连廊式半围合形式，以突出销售的重点区域（图6-2-24）。

> 图6-2-23　半开放式空间设计　　　　　　> 图6-2-24　运动鞋销售区及装置艺术墙体设计

　　高级精品女鞋展区则呈现出与女性美十分贴切的设计意境——犹抱琵琶半遮面，在将近3米高的黑色亚光金属框架之间，采用2.6米的弹性绳索垂直拉伸，形成具有半透明效果的纤维墙体，与运动鞋展区的装置艺术墙面遥相呼应（图6-2-25）。

　　童鞋展示区，主要设计特色是采用适合儿童的较小尺度定义空间，设计尺度充分体现了设计师对商业空间展示设计的环境体验的重视，为孩子们打造出专属的趣

> 图6-2-25　高级精品女鞋展区

味体验区，使身处其中的孩子们能够成为真正被服务的对象（图6-2-26）。

该设计采用"色彩分离"的概念，以法国著名艺术家、色彩大师伊夫·克莱因所创作的"国际克莱因蓝"（Internationa Klein Blue）为主色调，而且同商铺内主打品牌"Champion" Logo中的电光蓝极为吻合。IKB除用于饰面装饰外，还具有区分几大功能区的作用，从而将该商业店铺设计的平面与立体、色彩与空间完美融合。在配饰设计中，布艺座椅以橙色为主，不禁使人们眼前浮现出法国著名野兽派大师亨利·马蒂斯所创作的《舞蹈》的色彩，令原本开阔、缺失温度的商业展示空间设计在整体上的艺术气息与氛围油然而生。

> 图6-2-26　童鞋展区　　　　> 图6-2-27　Kevin Shoes品牌集合店细节设计

在本案设计中，设计者多使用非实体材料作为空间划分的元素，以保持空间在视觉上与感官上的流通性，形成凝聚的气氛。砖块、绳索以及框架的选取，分别为每个区域增色，并体现出各区域的专属空间感，为顾客打造出不同的消费氛围（图6-2-27）。

## 本章小结

本章节重点选取近年来国内外商业空间展示设计的最新案例进行解读，希望通过这些优秀案例的分析，能够给予大家有关商业空间展示设计创意思路、表现形式以及设计手法等方面的启示，为以后进一步学习和实践商业空间展示提供必要借鉴和参考。

## 实训与思考

1.任选一个商业业态，尝试进行空间展示设计创意，要求有故事情节，有统一设计元素，时尚新潮。

2.思考不同设计深度的商业展示设计，其最终设计效果所带来的结果是否会有较大差距？

**参考文献**

[1] 张绮曼.室内设计资料集.北京：中国建筑工业出版社，1991.

[2] 朱力.商业环境设计.北京：高等教育出版社，2015.

[3] 托尼·摩根.视觉营销：橱窗与店面陈列设计.毛艺坛，译.北京：中国纺织出版社，2016.

[4] 吴诗中.展示陈列艺术设计.北京：高等教育出版社，2012.

[5] 魏长增.展示设计.北京：人民美术出版社，2010.

[6] 毛德宝.展示设计.南京：东南大学出版社，2011.

[7] 李蔚，于鹏，傅彬.商业展示设计.长春：东北师范大学出版社，2011.

[8] 郭立群，郭燕群.展示设计.武汉：武汉大学出版社，2012.

[9] 宋寿剑，赵幸辉.展示空间设计.北京：中国建材工业出版社，2012.

[10] 闻晓菁.展示空间设计.上海：上海人民美术出版社，2012.

[11] 阮英爽.展示设计.北京：清华大学出版社，2015.

[12] 陈雷，刘斯旸.展陈空间设计.北京：清华大学出版社，2017.

[13] 史建海.商业展柜设计.北京：化学工业出版社，2011.

[14] 李禹.展示设计与实训.沈阳：辽宁美术出版社，2012.

[15] 周雅铭，张杰.商业展示设计.北京：清华大学出版社，2013.

[16] 刘东峰.展示设计.北京：人民邮电出版社，2012.

[17] 刘成瑜.商业橱窗展示设计.北京：化学工业出版社，2012.

[18] 胡以萍.展示陈列与视觉设计.北京：清华大学出版社，2012.